ウスバキチョウ

Monograph of *Parnassius eversmanni* [Ménétriès, 1850]

渡辺康之［著］

北海道大学図書刊行会

Monograph of *Parnassius eversmanni* [Ménétriès, 1850]

©2000 by Yasuyuki Watanabe
All rights reserved.   No part of this book may be reproduced
in any form without written permission of the Publisher.

Hokkaido University Press, Sapporo, Japan
ISBN4-8329-9851-X

Printed in Japan

はじめに

　日本には約 235 種の蝶が分布しているといわれ，そのなかでもっとも人気が高い種類の 1 つがウスバキチョウであろう。中型で半透明の黄色い翅に赤い鮮やかな斑紋をもち，高山帯のお花畑を飛ぶ姿はいつ見ても飽きない。私は 1971 年に初めて大雪山を訪れて以来，毎年のように同地を訪れて撮影を続けている。そして，あっという間に 30 年近くの年月がたってしまった。これまでの山上での総滞在日数は，じつに 1000 日を遥かに超えている。

　本種は帝政ロシア時代の 19 世紀中ごろ，中央アジアのサヤン山脈の一角で発見された。そして，フランス生まれで後にロシアへ移住した昆虫学者メネトリエスにより *Parnassius eversmanni* として新種記載された。以後，シベリアの探検や開発とともにロシア極東地域，さらに北米大陸のアラスカやカナダなどで次々と産地が見つかった。日本では大正時代の終わりの 1926 年 7 月，北海道帝国大学農学部昆虫学教室の河野廣道らによって大雪山で初めて発見され，社会的に大きな反響をよんだ。現在判明している範囲では，中央アジアのアルタイ山脈からシベリア，中国東北部，朝鮮半島北部，北海道大雪山系，アラスカとカナダ北西部の寒冷地や高山帯に広く分布している。

　日本では国の天然記念物に指定され，成虫はもちろんのこと卵や幼虫，蛹など幼生期の採集も禁止されている。また，棲息地である大雪山系の高山帯は特別保護地域で，しかも特別天然記念物の指定を受けており，調査や撮影にもおのずと制限がある。本種の調査にあたっては生態系を変えないように十分注意を払って観察を行ない，自然状態での撮影を心がけた。生態調査および撮影では，層雲峡博物館の調査協力員として環境庁と文化庁の昆虫採集許可を得ており，館長の保田信紀氏には大変お世話になった。

　大雪山産の標本および模式標本の一部は，北海道大学農学部昆虫体系学教室と国立科学博物館所蔵のものを撮影させていただいた。日本産以外は私の所有するもののほかに，大部分を川崎裕一氏所蔵の貴重な標本をお借りして撮影した。また，稲岡　茂氏からも標本を借用している。ロシアのサンクトペテルブルグ科学アカデミー動物学研究所，ウクライナのキエフ大学動物学博物館に所蔵されている模式標本は，杉澤四郎氏を通してウクライナ科学アカデミー動物学博物館の V. V. Tshikolovets 氏に撮影していただいた。また，ロンドンの自然史博物館の P. R. Ackery 氏からも模式標本の写真をお借りした。標本撮影は模式標本と大雪山産の標本を除き，すべて大井　勝氏によるものである。

　さらに知人や友人たちの協力で，アラスカやロシア連邦・沿海州での撮影を行なうことができた。今から 10 年ほど前にはロシアでの調査は考えられなかったことである。低地の樹林帯に棲む沿海州での生態は日本のそれとはずいぶん違い，すばやく飛び個体も大型でひとまわり違う。本書では大雪山系を中心に，これらロシア連邦・沿海州やアラスカにおける生態や記録もあわせて紹介している。北米大陸については同地に詳しい昆野安彦氏より貴重な未発表資料を送っていただいた。

　大雪山にもロープウェイやリフトができ，林道が延びてずいぶんアプローチがしやすくなったが，自然そのものは太古の昔とそれほど変わっていないだろう。ウスバキチョウに関してもう調べることはないとか，撮影しつくされたのではないかと言われるが，決してそんなことはない。毎年訪れるたびに目新しいことが見出される。これからも大雪山でずっと撮影を続けたいと思う。

　欲をいえば中央アジアのアルタイ山脈や東サヤン山脈などの高地，朝鮮半島北部の蓋馬

高台などでも調査を行ないたかったが，それはまだ実現していない。文献による報告や最近のロシア連邦での情報が公開されており，まったく知られざる世界ではない。いつの日か，これらの産地にもぜひ訪れてみたいものである。

　本書の執筆にあたっては，以下の方々にご協力いただきました。お礼申し上げます(順不同，敬称略)。
稲岡　茂，上田恭一郎(北九州市立自然史博物館)，梅沢　俊，大井　勝，大原昌宏(北海道大学農学部昆虫体系学教室)，大和田　守(国立科学博物館)，尾本惠市，川崎裕一，昆野安彦，斎藤基樹，酒井成司，静谷英夫，杉澤四郎，高木秀了，竹内克弥，永幡嘉之(上杉博物館)，西山保典，根本富夫，福田晴夫，藤岡知夫，溝田浩二，三好和雄，保田信紀(層雲峡博物館)，Vadim V. Tshikolovets(Zoological Museum, National Academy of Sciences of Ukraine), Vladimir Kononenko(Institute of Biology and Pedology, Russian Academy of Sciences in Vladivostok, Russia), Phillip R. Ackery(Natural History Museum in London)
　最後に本書をだすにあたりご協力下さった多くの方々や，出版を引き受けていただいた北海道大学図書刊行会と編集の成田和男氏に厚くお礼を申し上げます。
　　　2000年1月31日

　　　　　　　　　　　　　　　　　　　　　　　　　　　　　　渡辺　康之

凡　　例

1. 本書は写真編と解説編から構成されている。
2. 生態写真はとくに断りがない限り，筆者(渡辺康之)が撮影している。
3. 生態写真には簡単な説明と雌(♀)，雄(♂)の区別，撮影地名，撮影年月日などを記した。ウスバキチョウ以外の蝶類には学名を併記した。
4. 標本写真は一部を縮小しており，各頁ごとに撮影倍率を示した。なお，模式標本については各個体ごとに撮影しているので，縮小・拡大率が一定していない。
5. 本書での学名は，"International Code of Zoological Nomenclature (4th ed.)" に従った。これは，2000年1月1日から施行された。亜種以下の分類単位である異常型(ab.：aberration)，変種(var.：variety)，型(f.：form)などの命名は，現在では認められていない。ただし1960年以前の命名であれば，場合により変種や型の名称が亜種名や種名に昇格することがある。なお，植物の学名については国際植物命名規約により，動物と異なり変種などの記載も認められている。
6. 学名などにおいて，原文のつづりが間違って用いられていても，そのまま引用しなければならない。［sic］は原文のままの意味を表わし，［ / ］も同様な意味において用いられる。つづりや文献の引用などが誤っていることを強調する。
7. nec は学名の命名者の誤りなどを訂正するときに用いられ，nec 以下が正しいことを示す。
8. 学名において記載者と命名年を(　)で括るのは，記載時の属から別の属に所属が変更されたことを示す。
9. 文献からの引用は出典を明記している。巻末の文献に，その一覧を掲載した。
10. ロシア連邦および旧ソ連における地名や人名などは，なるべくカタカナやローマ字表記を用いたが，一部でキリール文字を併記している。これらの表記は必ずしも統一されていない。中国における地名や人名は簡体字ではなく，日本で現在用いられる常用漢字で表記した。ローマ字表記はピン音により，発音表記は省略した。朝鮮半島における地名のローマ字表記は『韓国昆虫分布図鑑1. 蝶類』(1976)によった。
11. 文献は著者(複数の場合はその筆頭著者)のアルファベット順に並べた。編著者と分担執筆者が異なる場合は，内書きをしている。文献の発行年が推定による場合や，奥付と実際の発行年が異なる場合は，西暦年号を［　］で括っている。ロシア語の文献には，英文あるいは和文訳を付け加えた。

目　次

はじめに　　iii
凡　例　　v

[写真編]

❖生態写真

北海道・大雪山系　　2
　棲息環境　　4
　羽　化　　5
　吸蜜(♂)　　8
　吸蜜と吸水　　9
　飛　翔　　10
　静　止　　11
　吸蜜(♀)　　14
　交　尾　　15
　産　卵　　18
　コマクサ　　19
　卵と若齢幼虫　　20
　幼　虫　　21
　終齢幼虫　　22
　老熟幼虫と繭　　24
　繭　　25
　繭と蛹　　26
　天　敵　　27
北海道・十勝連峰　　28
北海道・石狩連峰　　29
大雪山系の高山蝶
　ダイセツタカネヒカゲ　　30
　クモマベニヒカゲ　　31
　アサヒヒョウモン　　32
　カラフトルリシジミ　　33
ロシア極東・ゴルヌィ　　34
　ゴルヌィで見られる蝶　　36
ロシア極東・ヴィソコゴルヌィ　　37
　吸　蜜　　40
　ヴィソコゴルヌィで見られる蝶　　42
ロシア極東・ニコライエフスク・ナ・アムーレ　　43
アメリカ合衆国アラスカ・ノーム　　44
　ノームで見られる蝶　　46

❖標本写真

ウスバシロチョウ属　　47
ウスバキチョウ 1／Russia　　48
ウスバキチョウ 2／Russia　　49
ウスバキチョウ 3／Russia, Democratic People's Republic of Korea　　50
ウスバキチョウ 4／Alaska, Canada, Japan　　51
模式標本　　52

[解説編]

第1章　研究史　　55
ロシアにおける最初の発見　　55
　E.P.メネトリエス／E.A.エヴァースマン
アラスカとカナダにおける発見　　60
　アラスカでの発見／カナダでの発見
大雪山系における発見　　61
朝鮮半島(蓋馬高台)における発見　　64
中国・大興安嶺における発見　　67

第2章　学　名　　69
学名とは　　69
ウスバキチョウの学名　　70
　ウスバシロチョウ属とアッコウスバ亜属／ウスバキチョウ
シノニムリスト　　71
　ウスバシロチョウ属／ウスバキチョウ
ウスバキチョウ亜種の学名　　73
　原名亜種群／極東亜種群／アラスカ・カナダ亜種群／隔離亜種群

第3章　名称と由来　　81
和　名　　81
　ウスバキチョウ／チョウセンウスバキチョウ／キイロウスバアゲハ／ウスバキアゲハ
ロシア名　　82
　Аполлон Эversmanna(Apollon Eversmanna)／Аполлон Прибрежный(Apollon Pribrezhnyi)／Аполлон Фельдера(Apollon Feldera)
英　名　　83
　Yellow Apollo／Eversmann's Parnassian／Golden Parnassian
韓国名　　83
　황모시나비(Howang-mo-si-nabi：黃苧布蝶)
中国名(中名)　　84
　艾雯絹蝶(Ai-wen-juan-die)

第4章　系統分類　　85
アゲハチョウ科の分類学的位置づけ　　85
ウスバシロチョウ属の分類学的位置づけ　　87
　ウスバシロチョウ属の創設／ブリークの総説／マンローによる分類／ワイスの総説
ウスバキチョウの分類学的位置づけ　　89

第5章　形態と変異　　91
形　態　　91
　卵／幼虫／蛹／成虫／染色体数
変　異　　93
　原名亜種群／極東亜種群／アラスカ・カナダ亜種群／隔離亜種群

第6章　生活史　97

周年経過　97
　大雪山での周年経過／国外での周年経過

生活史　98
　卵／幼虫／蛹／成虫

羽化の経過　101
　羽化時期／年度別の羽化状況／交尾と産卵

第7章　食草と吸蜜植物　105

食草　105
　コマクサ(駒草)／カラフトオオケマン(カラフトケマン)／アラスカエンゴサク／ムラサキケマン，ケマンソウ／産地別の食草植物

吸蜜植物　109
　吸蜜植物／産地別の吸蜜植物

第8章　死亡原因と天敵　113

死亡原因　113
　羽化不全／凍死／天敵／越冬／自然死

天敵　114
　卵／幼虫／蛹／成虫

第9章　分布　117

原名亜種群　117
　Ssp. *eversmanni* [Ménétriès] in Siemaschko, [1850]
　Ssp. *altaicus* Verity, 1911
　Ssp. *septentrionalis* Verity, 1911
　Ssp. *vosnessenskii* [Ménétriès] in Siemaschko, [1850]

極東亜種群　119
　Ssp. *felderi* Bremer, 1861
　Ssp. *litoreus* H.Stichel, 1907
　Ssp. *maui* Bryk, 1915
　Ssp. *gornyiensis* Watanabe, 1998
　Ssp. *vysokogornyiensis* Watanabe, 1998

アラスカ・カナダ亜種群　121
　Ssp. *thor* H.Edwards, 1881

隔離亜種群　122
　Ssp. *sasai* O.Bang-Haas, 1937
　Ssp. *nishiyamai* Ohya and Fujioka, 1997
　Ssp. *daisetsuzanus* Matsumura, 1926

第10章　棲息環境と気候　125

棲息環境　125
　日本・大雪山系：Ssp. *daisetsuzanus*／ロシア極東・ゴルヌィ：Ssp. *gornyiensis*／ロシア極東・ヴィソコゴルヌィ：Ssp. *vysokogornyiensis*／ロシア・アルタイ山脈：Ssp. *altaicus* (＝*lacinia*)／ロシア・レナ川流域：Ssp. *septentrionalis*／アラスカ・ノーム：Ssp. *thor*／アラスカ・イーグルサミット：Ssp. *thor*／朝鮮半島北部・蓋馬高台：Ssp. *sasai*／中国東北部・黒龍江省伊春市：Ssp. *felderi*／中国東北部・内蒙古自治区呼倫貝爾盟額爾古納左旗満帰県・大興安嶺：Ssp. *nishiyamai*

気象と棲息地の関係　133
大雪山系の棲息環境と分布の謎　134

第11章　生態観察記録　137

大雪山系　137
　1980年／1981年／1982年／1983年／1984年／1985年／1986年／1987年／1988年／1993年／1996年／1998年

大雪山系の高山蝶　141
　ダイセツタカネヒカゲ／クモマベニヒカゲ／アサヒヒョウモン／カラフトルリシジミ

分布疑問種　145
　アカボシウスバ／オオアカボシウスバ

大雪山系の高山帯で記録された蝶類　147
大雪山系の高山蛾　148
ロシア極東・ゴルヌィ　149
　1995年／ゴルヌィで見られた蝶類

ロシア極東・ヴィソコゴルヌィ　151
　1996年／ヴィソコゴルヌィで見られた蝶類

アメリカ合衆国アラスカ・ノーム　153
　1993年／ノームで見られた蝶類

第12章　保護　155

天然記念物と特別保護地区　155
　天然記念物(文化庁)／国立公園・特別保護地区(環境庁)

レッドデータ・ブック　156
　世界的な調査／日本における調査

保護の現状　158

文献　161
標本データ　167

　和名索引　169
　学名索引　174

写 真 編
Photographs

ミネズオウで吸蜜する♂．大雪山コマクサ平．'93.6.19.

北海道・大雪山系

北鎮岳より御鉢平(中央火口)を望む．大雪山北鎮岳．'83.9.18.

白雲小屋より高根ヶ原，トムラウシ山を望む．大雪山白雲岳．'87.7.1.

北海道・大雪山系

小白雲岳より白雲岳を望む．
大雪山小白雲岳．'85.7.28.

北海道・大雪山系

棲息環境

大雪山コマクサ平．'85.7.27.

コマクサ．大雪山小白雲岳．'86.6.30.

コマクサ群落．大雪山平ケ岳．'86.7.29.

北海道・大雪山系

羽 化

日光浴をする♂．大雪山小白雲岳．
'95. 6. 24.

羽化したばかりの♂．
大雪山コマクサ平．'93. 6. 21.

羽化したばかりの♂．
大雪山コマクサ平．'93. 6. 21.

北海道・大雪山系

半分ほど翅がのびた♂．大雪山コマクサ平．'93.6.21.

ほぼ翅がのびた♂．大雪山コマクサ平．'96.6.18.

羽化した♂と棲息環境．大雪山コマクサ平．
'96.6.18.

北海道・大雪山系

羽化した♀．大雪山コマクサ平．'96.6.23.

翅がのびた♀．大雪山コマクサ平．'95.6.19.

ほぼ翅がのびた♀．大雪山コマクサ平．'96.6.23.

翅がのびた♀．大雪山コマクサ平．'93.6.18.

北海道・大雪山系

吸蜜（♂）

イワウメで吸蜜する♂．大雪山コマクサ平．'96.6.18.

イワウメで吸蜜する♂．大雪山コマクサ平．'88.6.27.

チシマキンレイカ（タカネオミナエシ）で吸蜜する♂．
大雪山コマクサ平．'86.8.3.

チシマキンレイカ（タカネオミナエシ）で吸蜜する♂．
大雪山コマクサ平．'86.8.3.

ホソバウルップソウで吸蜜する♂．大雪山小泉岳．'87.7.8.

ウラシマツツジで吸蜜する♂．大雪山コマクサ平．'93.6.21.

吸蜜と吸水

北海道・大雪山系

キバナシャクナゲで吸蜜する♂．大雪山小泉岳．'83.7.26．

ミネズオウで吸蜜する♂．大雪山コマクサ平．'95.6.19．

チョウノスケソウで吸蜜後に静止する♂．大雪山小泉岳．'87.7.8．

エゾイワツメクサで吸蜜する♂．大雪山小泉岳．'85.7.25．

地上で吸水する♂．大雪山コマクサ平．'93.6.19．

地上で吸水する♂．大雪山コマクサ平．'98.6.17．

飛 翔

岩礫地の上を飛ぶ♂．大雪山コマクサ平．
'93．6．21．

高山植物の上を飛ぶ♂．十勝連峰境山．
'99．6．29．

ハイマツの上を飛ぶ♂．大雪山コマクサ平．
'84．6．21．

北海道・大雪山系

静 止

ハイマツにとまる♂．大雪山小白雲岳．'95.6.24.

早朝日光浴をする2頭の♂．大雪山コマクサ平．'96.6.17.

高山植物の上で日光浴をする♂．十勝連峰境山．'99.6.29.

岩礫の上にとまる♂．大雪山コマクサ平．'93.6.19.

北海道・大雪山系

岩礫の上にとまる♀．大雪山コマクサ平．
'86.6.21.

日光浴をする交尾ずみの♀．大雪山コマクサ平．'96.6.18.

日光浴をする♀．大雪山コマクサ平．
'96.6.18.

北海道・大雪山系

早朝まだ露にぬれている♀．大雪山コマクサ平．'96.6.18.

ハイマツにとまる未交尾の♀．大雪山コマクサ平．
'86.6.21.

ハイマツにとまる♀．大雪山コマクサ平．'95.6.19.

北海道・大雪山系

吸蜜(♀)

イワウメで吸蜜する♀．大雪山コマクサ平．'96.6.18.

イワウメで吸蜜する♀．大雪山コマクサ平．'96.6.18.

イワウメで吸蜜する♀．コマクサ平．'96.6.18.

ミネズオウで吸蜜する♀．コマクサ平．'96.6.18.

キバナシャクナゲで吸蜜する♀．コマクサ平．'93.6.19.

イワウメで吸蜜する♀．コマクサ平．'88.6.27.

北海道・大雪山系

交 尾

交尾（左が♀）．大雪山コマクサ平．
'88．6．27．

交尾（上が♀）．大雪山コマクサ平．
'95．6．19．

北海道・大雪山系

交尾直後(右が♀)．大雪山コマクサ平．'96.6.17.

交尾直後(右が♀)．大雪山コマクサ平．'95.6.19.

交尾(上が♀)．大雪山コマクサ平．'95.6.19.

北海道・大雪山系

交尾中にイワウメで吸蜜する♀(左). 大雪山コマクサ平. '88.6.27.

交尾ずみの♀(右)に交尾しようとする♂(左). 大雪山コマクサ平. '88.6.26.

分離直後(左下♀). 大雪山コマクサ平. '96.6.22.

交尾後付属物をつけた♀. 大雪山コマクサ平. '95.6.19.

北海道・大雪山系

産 卵

コマクサにとまる♀．大雪山コマクサ平．'95.6.19.

岩礫に産卵する♀．大雪山高根ヶ原．'87.7.13.

コマクサに産卵する♀．大雪山コマクサ平．'83.7.10.

コマクサに産卵する♀．大雪山コマクサ平．'84.6.17.

コマクサ

コマクサ群落と棲息環境．大雪山平ヶ岳．'86.7.23.

コマクサ群落．大雪山高根ヶ原．'98.8.1.

コマクサの花．大雪山コマクサ平．'85.7.27.

北海道・大雪山系

卵と若齢幼虫

枯れ茎に産みつけられた卵．大雪山コマクサ平．'95.6.19.

枯れ枝に産みつけられた卵．大雪山小泉岳．'83.8.21.

コマクサの葉に産みつけられた卵．大雪山コマクサ平．'95.6.19.

岩礫に産みつけられた卵．大雪山コマクサ平．'96.9.14.

孵化した1齢幼虫と卵殻．大雪山コマクサ平．'88.6.6.

2齢幼虫．大雪山コマクサ平．'88.6.13.

北海道・大雪山系

幼 虫

3-4齢幼虫の群れ．大雪山小白雲岳．'95.6.24．

コマクサの葉を食べる2齢幼虫．大雪山コマクサ平．88.6.13．

コマクサの蕾を食べる3齢幼虫．大雪山小白雲岳．'84.7.6．

コマクサの花を食べる4齢幼虫．大雪山小白雲岳．'88.6.27．

5齢(終齢)幼虫．大雪山小泉岳．'98.7.31．

北海道・大雪山系

終齢幼虫

岩礫の上で日光浴をする終齢幼虫．大雪山小白雲岳．'84.7.6.

コマクサの花を食べる終齢幼虫．大雪山赤岳．'83.7.26.

北海道・大雪山系

コマクサの蕾を食べる終齢幼虫．大雪山小白雲岳．'82.7.8．

コマクサの茎と葉を食べる2頭の終齢幼虫．大雪山小白雲岳．'83.8.23．

コマクサの花を食べる終齢幼虫．
大雪山小白雲岳．'84.7.9．

北海道・大雪山系

老熟幼虫と繭

臭角をだす老熟幼虫．大雪山小泉岳．
'83. 8 .24.

ミネズオウ群落での蛹化場所．
大雪山コマクサ平．'80. 6 .14.

ミネズオウの枝下につくられた繭．
大雪山コマクサ平．'83. 6 .12.

北海道・大雪山系

繭

クロマメノキの枝下の繭(中央下). 大雪山コマクサ平. '83.9.5.

クロマメノキが紅葉した後の繭(中央上). 大雪山コマクサ平. '83.9.24.

枯れ葉を綴った繭. 大雪山コマクサ平. '80.6.11.

砂礫を綴った繭. 大雪山コマクサ平. '95.6.18.

25

北海道・大雪山系

繭と蛹

ガンコウランの根元で繭をつくる．大雪山コマクサ平．'95．6．21．

クロマメノキの枝部につくられた繭と蛹殻（羽化後）．大雪山コマクサ平．'80．6．1

地上に裸で転っていた蛹（自然状態）．大雪山コマクサ平．'95．6．21．

地上に裸で転っていた蛹（自然状態）．大雪山小白雲岳．'82．7．8．

北海道・大雪山系

天 敵

アシマダラコモリグモに襲われた♂．大雪山コマクサ平．
'86.6.21.

アシマダラコモリグモに襲われた♂．大雪山コマクサ平．
'86.6.21.

♀が襲われた．大雪山コマクサ平．
'96.6.20.

北海道・十勝連峰

上ホロカメットク山より
富良野岳を望む．十勝連峰
上ホロカメットク山．
'98.9.10.

境山．十勝連峰．
'99.6.29.

美瑛富士とオプタテシケ
山．十勝連峰美瑛岳．
'98.9.10.

北海道・石狩連峰

ジャンクションピーク(J.P.) 石狩連峰. '98.8.2.

石狩岳. 石狩連峰. '98.8.3.

コマクサ群落. 石狩連峰音更山－十石峠. '98.8.3.

北海道・大雪山系

大雪山系の高山蝶 | ダイセツタカネヒカゲ
Oeneis melissa daisetsuzana

岩礫の上にとまる♀．大雪山コマクサ平．'98.6.19.

卵．大雪山小泉岳．'82.8.4.

2齢幼虫．大雪山小泉岳．'88.8.24.

5齢(終齢)幼虫．大雪山小泉岳-緑岳．'97.9.4.

蛹．大雪山小泉岳-緑岳．'86.7.2.

大雪山系の高山蝶 | クモマベニヒカゲ
Erebia ligea rishirizana

羽化したばかりの♀．大雪山平ケ岳．'98.8.7．

棲息環境(湿原)．大雪山平ケ岳．'96.9.4．

卵．大雪山トムラウシ山．'82.9.20．

3齢幼虫．大雪山トムラウシ山．'85.8.30．

蛹．大雪山五色ヶ原．'79.7.23．

北海道・大雪山系

大雪山系の高山蝶 | アサヒヒョウモン
Clossiana freija asahidakeana

エゾコザクラで吸蜜する♀．大雪山小泉岳．'98．6．14．

棲息地（キバナシャクナゲ群落）．大雪山小泉岳．'86．7．8．

卵．大雪山小泉岳．'76．7．14．

5齢（終齢）幼虫．大雪山小泉岳．'86．6．22．

蛹．大雪山小泉岳．'86．7．6．

大雪山系の高山蝶 | カラフトルリシジミ
Vacciniina optilete daisetsuzana

チシマツガザクラで吸蜜する♀．大雪山緑岳．'84.8.4．

棲息環境（ガンコウラン群落）．然別白雲山．'81.6.21．

卵．大雪山緑岳．'81.7.30．

4齢（終齢）幼虫．然別白雲山．'81.6.21．

蛹．然別白雲山．'81.6.28．

ロシア極東・ゴルヌィ

棲息環境．ゴルヌィ．'95.7.7.

棲息環境．ゴルヌィ．'95.7.9.

伐採地跡の棲息環境．ゴルヌィ．
'95.7.12.

ロシア極東・ゴルヌィ

食草のカラフトオオケマンの群落．ゴルヌィ．'95.7.6．

葉上にとまる♂．ゴルヌィ．'95.7.7．

葉上にとまる♂．ゴルヌィ．'95.7.7．

マルバシモツケの花の上にとまる♂．ゴルヌィ．'95.7.7．

枯れ木の上にとまる♂（クリーム色型）．ゴルヌィ．'95.7.12．

ゴルヌイで見られる蝶

アカボシウスバ *Parnassius bremeri* ♂. '95. 7. 8.

アカボシウスバ *Parnassius bremeri* ♀. '95. 7. 8.

エゾシロチョウ *Aporia crataegi*. '95. 7. 7.

クロコヒョウモンモドキ *Mellicta plotina*. '95. 7. 11.

クモマベニヒカゲ *Erebia ligea* ♂. '95. 7. 7.

チョウセンキボシセセリ *Heteropterus morpheus* ♂. '95. 7. 12.

ロシア極東・ヴィソコゴルヌィ

棲息環境．ヴィソコゴルヌィ．'96．7．6．

列車から見た棲息環境．ヴィソコゴルヌィ．
'96．7．3．

棲息環境（湿原）．ヴィソコゴルヌィ．
'96．7．7．

ロシア極東・ヴィソコゴルヌィ

ヤナギランで吸蜜する♂．ヴィソコゴルヌィ．'96.7.7．

草の上にとまる♀．ヴィソコゴルヌィ．'96．7．5．

ロシア極東・ヴィソコゴルヌィ

吸蜜

マルバシモツケで吸蜜する♂．ヴィソコゴルヌィ．'96.7.7.

アカツメクサで吸蜜する♂．ヴィソコゴルヌィ．'96.7.7.

クサフジで吸蜜する♂．ヴィソコゴルヌィ．'96.7.7.

セリ科の花で吸蜜する♂．ヴィソコゴルヌィ．'96.7.7.

エゾスカシユリで吸蜜する♀．ヴィソコゴルヌィ．'96.7.7.

アカツメクサで吸蜜する♀．ヴィソコゴルヌィ．'96.7.7.

クサフジで吸蜜する♂。ヴィソコゴルヌィ。'96.7.7.

ヴィソコゴルヌィで見られる蝶

ヒメウスバシロチョウ *Parnassius stubbendorfii* ♂. '96. 7. 7.

クモマツマキチョウ *Anthocharis cardamines* ♂. '96. 7. 6.

チュコトヒョウモン *Clossiana distincta*. '96. 7. 8.

コヒオドシ *Aglais urticae*. '96. 7. 2.

オオイチモンジ、ウラジャノメなどの吸汁集団. '96. 7. 4.

ミドリコツバメ *Callophrys rubi*. '96. 7. 5.

タカネキマダラセセリ *Carterocephalus palaemon* ♀. '96. 7. 6.

ロシア極東・
ニコライエフスク・ナ・アムーレ

棲息環境．ニコライエフスク・ナ・アムーレ．'96.7.11.

ヒメウスバシロチョウ *Parnassius stubbendorfii* ♀．ニコライエフスク・ナ・アムーレ．'96.7.11.

アメリカ合衆国アラスカ・ノーム

棲息環境．ノーム．'93.6.28.

発生地の棲息環境．ノーム．'93.6.29.

食草の *Corydalis pauciflora*．
'93.6.30.

ツンドラの棲息地(ヤナギ類の灌木の下)．ノーム．'93.6.29.

草の上にとまる♂．ノーム．'93.7.1.

地表にとまる♂．ノーム．'93.6.30.

岩礫の上にとまる♀．ノーム．'93.6.28.

ヤナギの一種 *Salix reticulata* で吸蜜する♂．ノーム．'93.6.29.

アメリカ合衆国アラスカ・ノーム

アメリカ合衆国アラスカ・ノーム

ノームで見られる蝶

ホェブスウスバ *Parnassius phoebus* ♀. '93.7.1.

カラクサシロチョウ *Euchloe creusa* ♀. '93.6.28.

ツンドラモンキチョウ *Colias nastes*. '93.6.29.

キタヒメヒョウモン *Boloria napaea* ♂. '93.7.1.

ディサベニヒカゲ
Erebia disa ♂. '93.6.28.

アラスカタカネヒカゲ
Oeneis polixenes ♂. '93.6.28.

カラフトルリシジミ
Vacciniina optilete ♂. '93.6.28.

ウスバシロチョウ属 *Parnassius* spp.
1. *Parnassius bremeri* / Russia, 2. *Parnassius actius* / Kyrghyzstan, 3. *Parnassius nomion* / China, 4. *Parnassius hunnyngtoni* / Tibet, 5. *Parnassius acdestis* / Tibet, 6. *Parnassius acco* / Tibet, 7. *Parnassius orleans* / Tibet, 8. *Parnassius hardwickii* / Tibet, 9. *Parnassius ariadne* / Russia, 10. *Parnassius stubbendorfii* / Russia, 11. *Parnassius glacialis* / China, 12. *Parnassius mnemosyne* / Kyrghyzstan, 13. *Parnassius loxias* / Kyrghyzstan, 14. *Parnassius autocrator* / Tajikistan, 15. *Parnassius charltonius* / Tibet

×0.9

ウスバキチョウ 1

1.♂ 2.♂ 3.♂
4.♀ 5.♀ 6.♀
7.♂ 8.♂ 9.♂
10.♀ 11.♀ 12.♀
13.♂ 14.♂ 15.♂(裏面)

×1.0

ウスバキチョウ 1 *Parnassius eversmanni* subspp.
1 - 6. ssp. *eversmanni* / East-Sayan Mts., Russia, 7. ssp. *altaicus* / Sarym-Sakty Mts., Kazakhstan, 8 - 12. ssp. *altaicus* / Altai Mts., Russia, 13 - 15. ssp. *septentrionalis* / Tommot, Russia

ウスバキチョウ 2 *Parnassius eversmanni* subspp.
1 - 3. ssp. *lautus* / Suntar-Khayata, Russia; 2・3. Paratypes, 4 - 6. ssp. *magadanus* / Kolyma Mts., Russia, 7. ssp. *vosnessenskii*? / Magadan, Russia, 8 - 9. ssp. *litoreus* / Nikolaevsk-na-Amure, Russia, 10 - 12. ssp. *maui* / Sikhote-Alin Mts., Russia, 13 - 14. ssp. *felderi* / Khingansk, Russia, 15. ssp. *gornyiensis* / Myochan Mts., Russia

×0.9

ウスバキチョウ 3 *Parnassius eversmanni* subspp.
1 - 6. ssp. *gornyiensis* / Myaochan Mts., Russia; 6. Paratype,　7・8. ssp. *vysokogornyiensis* / Vysokogornyi, Russia; 7・8. Paratypes.　9 - 12. ssp. *sasai* / Nangnimsan, Democratic People's Republic of Korea; 9. Syntype,　13 - 15. ssp. *polarius* / Bilibino, Russia; 13 - 15. Paratypes

×0.9

ウスバキチョウ 4

ウスバキチョウ 4 *Parnassius eversmanni* subspp.

1-4. ssp. *thor* / 1・2. Nome, 3. Eagle Summit, 4. Tetlin National Wildlife Refuge; Alaska, 5-9. ssp. *thor* / 5・6. Keno Hill, 7. Dempster Highway mile 97, 8・9. Pink Mountain; Canada, 10-15. ssp. *daisetsuzanus* / Daisetsu-zan Mts., Japan

×1.0

模式標本 Type specimens of *Parnassius eversmanni* subspp.
1. ssp. *eversmanni* / Holotype, 2. ssp. *vosnessenskii* / Holotype, 3. ssp. *altaicus* / Syntype, 4. ssp. *septentrionalis* / Syntype, 5. ssp. *septentrionalis* / Syntype, 6. ssp. *felderi* / Lectotype, 7. ssp. *maui* / Syntype, 8. ssp. *maui* / Syntype, 9. ssp. *nishiyamai* / Holotype, 10. ssp. *daisetsuzanus* / Syntype, 11. ssp. *daisetsuzanus* / Syntype, 12. ssp. *vysokogornyiensis* / Holotype

解 説 編
Text

岩礫の上にとまる♂．大雪山コマクサ平．'93.6.19．

第 1 章　研究史

ロシアにおける最初の発見

　ウスバキチョウ Parnassius eversmanni は 19 世紀中期の 1850 年ごろシュトゥベンドルフ Y.P. Stubbendorf 博士(医師)により中央シベリアの南，クラスノヤルスク州のカンスク Kansk 周辺で 1 頭の♂が得られたのが最初である。この標本を基に，フランス生まれで後にペテルブルグ(St. Petersburg：現在のサンクトペテルブルグ)へ移住した昆虫学者のメネトリエス E.P. Ménétriès が，シーマシュコ J.I. Siemaschko と共著で動物図録『Русская Фауна ロシア動物誌』を出版して図示した(Ménétriès,［1850］)。この本の第 17 分冊第 4 図版の第 5 図に♂が図示されている。蝶の項のテキストは，メネトリエスによって編集された。

　ブリッジズ(Bridges, 1988)は，原記載の出版された年を 1851 年としているが，実物は見ていない。彼は，「ネクルテンコ(Nekrutenko & Kerzhner, 1986)の記述によれば，ロシアの国内でも 6 部しか現存せず，外国にはない。ヘミング(Hemming, 1934)はイギリスにはないので，非出版物とみなしている」と引用している。

　もっとも，1850 年というのも状況証拠による推定であろう。以前には，1849年説もあった(Bang-Haas, 1927)。『ロシア動物誌』の出版は 1849 年から開始され，ウスバキチョウが掲載されている分冊は翌 1850 年の発行と思われる。ここでは，最新のロシアでの見解を採用して，1850 年としておく。

　メネトリエスは 1855 年と 1857 年に『Enumeratio Corporum Animalium Musei Imperialis Academiae Scientiarum Petropolitanae, Classis Insectorum, Ordo Lepidopterorum, Pars I: Lepidoptera Diurna (1855); Pars II: Lepidoptera Heterocera (1857) ペテルブルグ・帝国科学アカデミー動物学博物館所蔵目録・昆虫綱鱗翅目 第 I 部：蝶類，第 II 部：蛾類』をまとめている。なお第 III 部は原稿が作成されていたが，著者の死亡により，印刷発行されなかったようである。第 I 部は 1105 種類の蝶類目録と新種の記載および 6 図版で，第 II 部は

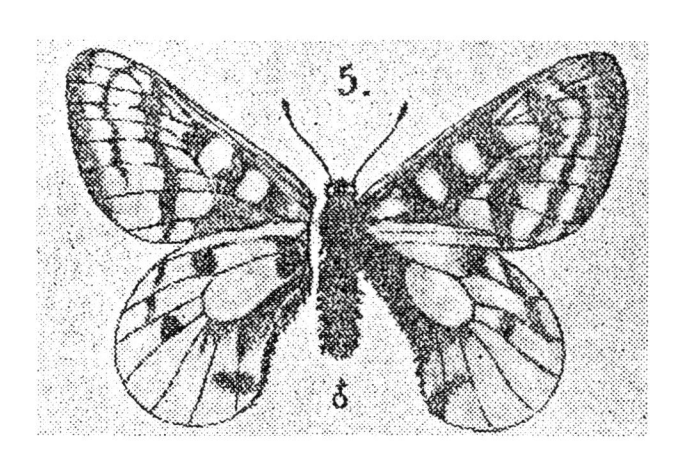

図1　『Русская Фауна』第 17 分冊第 4 図版第 5 図に図示された P. eversmanni ♂の原記載図

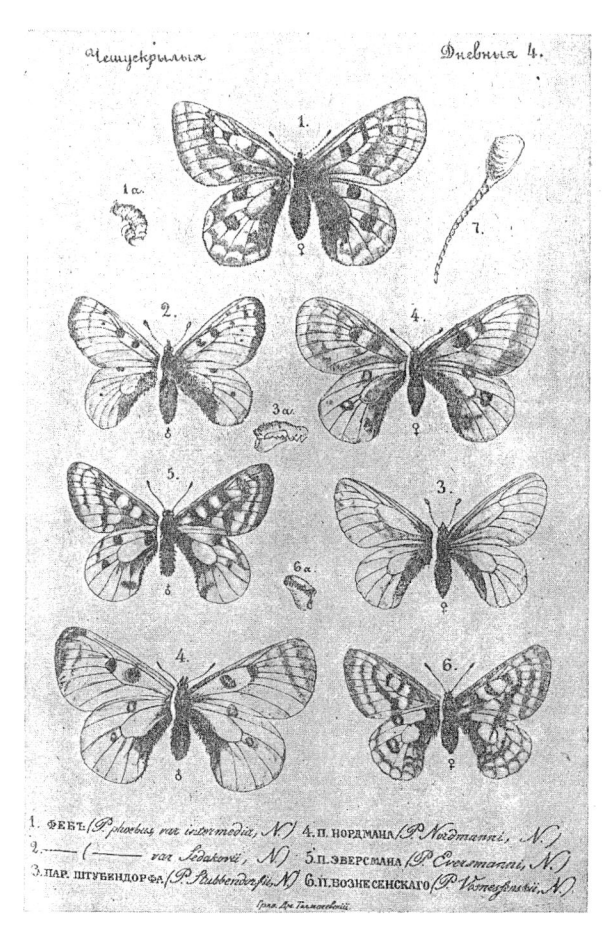

図2　『Русская Фауна』第 17 分冊第 4 図版

```
110. Parnassius Eversmanni. Ménétr.
     Siemachko. Русск. Фаун. Тетр. IV, 4, fig. 5.
     Catal. Tab. I, fig. 2.
     Cette belle espèce est un peu plus petite que la mnemosyne, dont
elle a la forme.
     Les quatre ailes ont leurs nervures noires et bien marquées, et
la frange est lisérée de noir profond. Les premières sont transparentes
et saupoudrees d'atomes noirâtres, qui à la base de ces mêmes ailes,
sont de moitié mélangés d'atômes jaunâtres; sur la cellule discoïdale
se dessinent trois taches noires, dont la plus proche de la base limite
les atômes bicolores dont nous avons parlé; la seconde est la plus
étroite dans son milieu, enfin la troisième ou la plus externe a la
forme d'un carré long; ensuite on compte trois bandes formées de
taches d'un beau jaune citron, dont l'externe est composée de huit
petites taches hemisphériques, disposées parallèlement au bord externe;
la seconde bande, parallèle à la première, compte neuf taches, dont les
trois avant-dernières sont les plus grandes; enfin la troisième bande,
de six taches, est plus fortement sinuée et entoure complètement la
cellule discoïdale; toutes ces taches sont séparées chacune par les
nervures noires.
     Les ailes inférieures sont d'un beau jaune citron, ayant chacune
deux taches, placées comme chez le Phoebus, mais plus petites, d'un
noir foncé, dont l'antérieure pupillée de rouge carmin, et l'inférieure
seulement saupoudrée de carmin; le bord interne est pointillé de noir
profond; enfin sur l'angle anal, se voit une tache noire et trans-
versale.
     Le dessous des quatre ailes est luisant et présente le même des-
sin qu'en dessus, mais seulement moins marqué; de plus, à la base
des ailes inférieures, on voit premièrement un point noir bien marqué,
puis au dessous et dans la cellule discoïdale une tache d'un rouge
carmin, bordée extérieurement d'un trait noir, et enfin plus bas, une
autre tache parallèle. — La tête, entre les yeux, et le corselet sont
couverts de longs poils d'un jaune roussâtre; le corps est garni de
poils jaunâtres, plus longs et plus abondants en dessous.
     D'aprés un seul exemplaire mâle, envoyé de Kansk par M. le
Dr. Stubbendorff; je me suis fait un devoir de dédier cette espèce à
M. le Professeur Eversmann, le premier Lépidoptérologue de Russie.
```

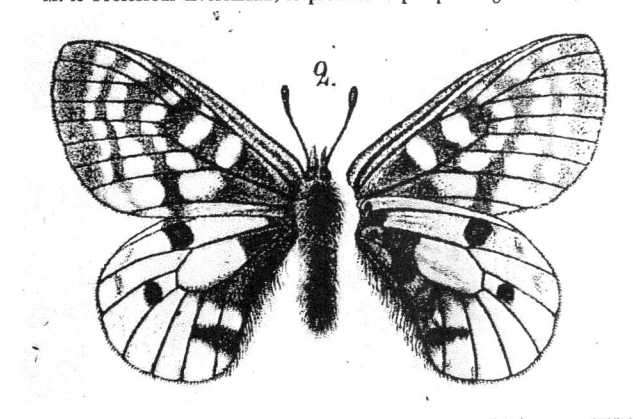

図3 Ménétriès(1855)における *P. eversmanni* の記述と♂の図版

図4 Ménétriès(1855)における *P. eversmanni* ♂と *P. wosnesenskii* ♀の図示された図版

蝶類の追加，蛾類と蝶類の記載および7(8?)図版からなる(岡野，1984)。

第I部の73-74ページにウスバキチョウに関する記述があり，その第1図版(第2図)に♂の図示がある。従来はこれを原記載とみなしていた。しかし現在のロシアの見解は，シーマシュコとの共著である『ロシア動物誌』のほうが5年ほど前に出版されており，この目録は原記載とはならない，というものである。

目録の記述のなかに《un seul exemplaire mâle, envoyé de Kansk par M. le Dr. Stubbendorff》とある。すなわち，「シュトゥベンドルフ博士により，カンスク周辺で採集された1頭の♂」の意味である。現在，サンクトペテルブルグのロシア科学アカデミー動物学研究所(動物学博物館)に所蔵されている完模式標本のラベルにも，Kansk としか記されておらず，詳しい場所や日付などのデータは書かれていない(Tshikolovets, 1993 a)。

ところが，現在の分布状況から低標高地のカンスクに棲息するとは考えられず，実際にはカンスクのずっと南方にある東サヤン山脈 East-Sayan 一角の高山帯で得られたものと推定されている。

いっぽう，ちょうど同じころに，オホーツク海に面したオホーツク町の南西に位置するアルダン川支流ウチュル川 Uchur の岸辺において，ヴォスネッセンスキー*

---

*ヴォスネッセンスキー Vosnessensky (Wosnesensky, Woznesensky)。ペテルブルグのロシア科学アカデミー動物学博物館の研究者で，北東シベリアやアラスカなどで昆虫類の調査を行なったとされる。おもに甲虫類を中心に採集したようである。ロシア昆虫学会の創立者の一人である Ilya Gavrilovitsch Vosnessensky (I.G. Woznesensky: 1816-1871) とおそらく同一人物であろう。1829-1830年に，メネトリエスといっしょにコーカサス地方で昆虫類(おもに鞘翅目)の調査を行なっている。1839-1848年にかけてニコライI世号に乗り，カムチャツカからアラスカを経てカリフォルニアまで探検し，1844年4月24日から7月6日まで，千島列島[占守(シュムシュ)島，幌筵(パラムシル)島，新知(シンシル)島，得撫(ウルップ)島]を訪れて甲虫類などを採集した。これらの標本は，モチュルスキーV.I. Motschulsky (1810-1871) が調べ，その結果を1860年に発表している。また，得撫島において植物を採集した記録も残っている(白井，1934)。

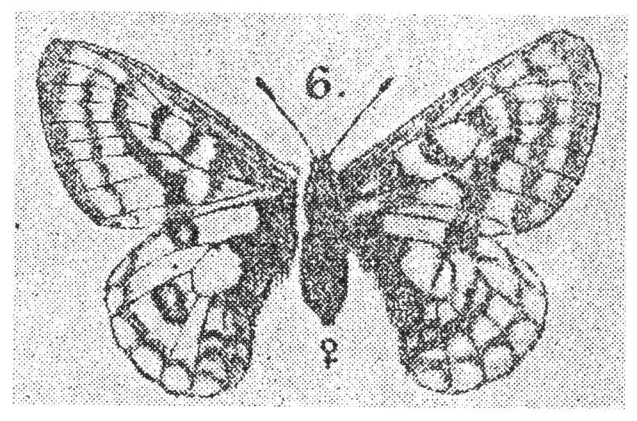

図5 『Русская Фауна』第17分冊第4図版第6図に図示された P. vosnessenskii ♀の原記載図

```
111. Parnassius Wosnesenskii. Ménétr.
      Siemachko. Русск. Фаун. Тетр. 4, fig. 6.
      Catal. Tab. I, fig. 3.
    Cette espèce est très voisine du P. Eversmanni, surtout par ses
ailes supérieures, et pourrait bien n'être que la femelle, mais dans le
doute, j'ai préféré la décrire séparément, les ailes inférieures m'ayant
offert des caractères trop marqués pour être attribués à une simple
différence sexuelle.
    Elle est un peu plus petite que le P. mnemosyne; les quatre ailes
ont leurs nervures noires et bien marquées et lisérées également
de noir.
    En dessus, les ailes supérieures présentent absolument les mêmes
taches que l'on remarque chez le P. Eversmanni, mais qui sont d'un
blanc sale à peine jaunâtre. Les ailes inférieures sont de cette der-
nière teinte; sur le milieu du bord antérieur se voit une tache d'un
rouge cinabre pâle, étroitement bordée d'atômes noirs; une pareille
tache, et un peu plus grande, est située à l'extrémité de la cellule
discoïdale; une large bande d'atômes noirs part de cette tache et atteint le
bord abdominal; et sur cette bande, entre le bord interne et la der-
nière nervure, se remarque une petite tache ovale, ainsi qu'une autre
à côté, plus grande et en croissant, séparée par cette dernière ner-
vure; ces deux taches sont d'un rouge cinabre, entourées de noir; le
bord interne est comme chez l'espèce voisine, pointillé de noir pro-
fond; cette teinte remplit tout l'espace, jusqu'au bord interne de la
cellule discoïdale; enfin tout le long du bord postérieur se dessine une
bande de six chevrons étroits, formés d'atômes noirs.
    En dessous, les quatre ailes sont luisantes et présentent le même
dessin qu'en dessus, si ce n'est qu'aux ailes inférieures les quatre
ocelles d'un rouge cinabre sont un peu plus grandes, et cela aux dé-
pens de leur bordure noire, ayant leur milieu largement pupillé de
blanc; la base de ces ailes sont quatre taches de la même teinte,
également blanches intérieurement, lisérées de noir extérieurement et
séparées l'une de l'autre par une nervure noire: la 1ᵉ est posée sur
le bord antérieur et est la plus petite, la 2ᵈᵉ est presque carrée, la
3ᵉ la plus grande s'allonge jusqu'à la moitié de la cellule discoïdale,
et la 4ᵉ descend davantage et est très étroite à sa base.
    Le corps est noir, garni de poils peu fournis en dessus et plus
serrés en dessous; entre les antennes et à la partie antérieure du
corselet, les poils sont serrés et roussâtres; de chaque côté de la poi-
trine les poils sont longs, jaunes et touffus; le dernier anneau de l'ab-
domen est frangé de jaune vif en dessus.
    La femelle, le seul sexe que nous possédions, a une poche très
grande, à peu près comme celle du P. mnemosyne, d'un blanc sale
avec un sillon longitudinal en dessous et un autre de chaque côté;
cette poche s'arrondit à l'extrémité. Cet exemplaire a été rapporté
d'Ochotsk par M. Wosnesensky.
```

図6 Ménétriès(1855)における P. wosnesenskii[！]の記述と♀の図版

により, Parnassius 属の1頭の♀が得られた。

この♀は『ロシア動物誌』において Parnassius vosnessenskii として，その第17分冊第4図版の第6図に基産地がオホーツクとして図示されている。また，『ペテルブルグ・帝国科学アカデミー動物学博物館所蔵目録』第Ⅰ部の74-75ページに本種に関する記述があり，その第1図版(第3図)に図示されている。こちらのほうは, Parnassius wosnesenskii[！]と書かれている。後にウスバキチョウ Parnassius eversmanni と同じ種類であることがわかり, ssp. vosnessenskii (= wosnesenskii) となった。命名規約により，最初に提出された学名が有効とされたのである。

さらに，シベリアやアムール川流域，アルタイ山脈の探検などにより次々と新しい産地が発見された。1858年にアムール川中流域のラデ Radde で ssp. felderi が，1898年にアルタイ山脈で ssp. altaicus (= lacinia) がそれぞれ採集されたり，記載・命名されている。アルタイでの分布については，ルフタノフ親子の『Die Tagfalter Nordwestasiens 西北アジアの蝶』に詳しくまとめられている(Lukhtanov & Lukhtanov, 1994)。極東の分布や生態については，ウラジオストクにある科学アカデミー生物学・土壌学研究所のクレンツォフ А.И. Куренцов (1896-1975) によって，『Булавоусые Чешуекрылые Дальнего Востока СССР ソ連・極東の蝶』(1970)に詳しく記されている。この本は邦訳がでている(阿部光伸訳, 1988)。

では次にウスバキチョウの原記載者であるメネトリエスと種小名に名前を献じられているエヴァースマンについて，どのような人物であったのか詳しくみてみよう。

ⅰ. E.P. メネトリエス
Eduard Petrovich Ménétriès (1802–1861)

1802年10月2日，フランスのパリで生まれる。メネトリエスという姓は，フランス語の Ménétrier (村のバイオリン弾き) に由来すると思われる。表記は，このほかに Ménétriés などがある。現在のロシアなどでは，むしろこちらのほうが使われている。しかし，自身の論文では Ménétriès を使用している。初めは医学を学び，ついでキュヴィエやラトレイユらの著名人に生物学の教えを受けた。1821年から1826年にかけて，ロシアのアレクサンドルⅠ世の命によるラングスドルフ Georg Heinrich Baron von Langsdorff (1774-1852) の南米探検隊に助手として加わり，ブラジルやアンティル諸島に滞在し，熱帯の蝶類の標本を多数採集して報告した。

図7　E.P. メネトリエス (Tuzov *et al.*, 1993 より)

1826年に，ロシアのペテルブルグにあるクンストカーメラ Kunstcamera (人類学・民族学博物館) の準備室員となって，そこで古い未同定の昆虫標本の整理にあたっていた。そして，だんだん収蔵品が増えてこれらの標本などを基に，1831年に人類学・民族学博物館から分離してロシア科学アカデミー動物学博物館が新たに設立されると，そこの昆虫部門の研究者となった。

この博物館はロシア科学アカデミー動物学研究所・動物学博物館 Zoological Institute Russian Academy of Science と名称がかわったけれども現在でも大ネヴァ川と小ネヴァ川に挟まれた中洲のワシレオストロフスカヤにあって，その基となった人類学・民族学博物館の隣に位置している。

1829-1830年に，ロシア科学アカデミーによる約18カ月にわたるコーカサス地方の昆虫調査が行なわれたが，メネトリエスもこれに加わり，1832年に5種の新種を含む78種の蝶類を報告した。1859年末，ロシア昆虫学会の創立に参画した。ロシアにおける昆虫分類学の基礎を築いた貢献者の一人とされている。

ミッデンドルフ A.T. Middendorff (1815-1894) の東シベリア・アムール川探検 [1842-1845]，ラッデ G.I. Radde (1831-1903) の東シベリア・バイカル湖・アムール川流域探検 [1855-1860]，シュレンク L.I. Schrenck (1830-1894) のアムール川流域探検 [1853-1857]，マーク R.K. Maack (1826-1886) のアムール探検 [1855] やウスリー探検 [1859] などの採集品を基に，メネトリエスは鱗翅類についての数多くの報告書や著書を著わしており，20種類以上におよぶ蝶類の新種報告も行なっている。

メネトリエスが記載した新種には，ウスバキチョウ *Parnassius eversmanni* をはじめとして，ヒメウスバシロチョウ *P. stubbendorfii*，スジボソヤマキチョウ *Gonepteryx aspasia*，スジグロシロチョウ *Pieris melete*, ヒメシロチョウ *Leptidea amurensis*，オオヒカゲ *Ninguta schrenckii*，サトキマダラヒカゲ *Neope goschkevitschii*，ホシチャバネセセリ *Aeromachus inachus*，ダイミョウセセリ *Daimio tethys* など日本のファウナと共通する種類が少なくない。

これらの模式標本を含む標本類は，サンクトペテルブルグのロシア科学アカデミー動物学研究所・動物学博物館に所蔵されている。

メネトリエスの業績として，著名な教師であり作家そして後にロシア昆虫学会の創立者の一人となったシーマシュコ Julian Ivanovich Siemaschko (1821-1893) と共同で出版した，『Русская Фауна; Russkaya fauna, or the description and illustrations of the animals inhabiting Russia ロシア動物誌』がある。当初の計画では全体で12部からなり，昆虫は第6部と第7部で予定されていた。1849年から最初の6部の出版が始まったが，当初の計画とは異なり実際にはもっと細かく分冊になったようで，ウスバキチョウ♂の図版が第17分冊に掲載されていることは前述した通りである。

『ロシア動物誌』の最後の巻は1861年に発行された。その後は出版が中断し，ついに完結しなかったようである。メネトリエスが1861年4月10日，ペテルブルグで亡くなったことに因ると思われる。

これも前述したがヴォスネッセンスキーの採集した♀の個体が *Parnassius vosnessenskii* として，同じ第17分冊第4図版の第6図に示されている。♀の個体であったので，このときはまだ両者が別種だと思われていたのである。

2. E.A. エヴァースマン
Eduard Aleksandrovich Eversmann (Edward Friedrich von Eversmann: 1794-1860)

1794年1月23日に，ドイツの中西部・ハーゲン Hagen (現在のノルトライン・ウェストファーレン州) に生まれ，後にロシアへ移住して，カザン Kazan (現在のロシア連邦・タタールスタン共和国) 大学の教授になる。医師であり動物学者・昆虫学者でもあった。若いころより中央アジアの探検を夢見ていたらしい。1818年ごろから，ロシアや中央アジアにおいて昆虫標本の収集を始めた。

1820-1821年にブハラ汗国 (現在のウズベキスタン中南部) へのロシア使節団に加わった。オレンブルクを出発し，ムゴザリーを通り，ボルシェ・バルスキー，シルダリヤ河の下流，キジル・クーム沙漠を横断して，ようやくブハラへ着いた。1823年このときの記録をまとめ

図8 E.F. エヴァースマン（Tuzov *et al.*, 1993 より）

た『A voyage from Orenburg to Bukhara オレンブルグからブハラへの旅』をドイツ語で出版している。

やがて中央アジア地域の自然と動物相，とくに鱗翅目について興味をもつようになった。そしてカザフスタンやジュンガリア，アルタイなどの蝶蛾類の標本を精力的に集めた。

1844年に633頁に及ぶ大著である『Fauna Lepidopterologica Volga-Uralensis ヴォルガ-ウラル地域の鱗翅目相』を出版した。また，1848年にアラル海周辺地域を訪れ，30種類以上の鱗翅目の新種を記載している。

ウスバシロチョウ属についても，多くの新種を記載している。デルフィウスウスバ *Parnassius delphius*，テネディウスウスバ *P. tenedius*，アポロニウスウスバ *P. apollonius*，アクティウスウスバ *P. actius* などがある。そのほかにはツマジロウラジャノメ *Lasiommata deidamia*，アサマシジミ *Lycaeides subsolanus*，クロツバメシジミ *Tongeia fischeri* などを新種として記載している。

発表したのは，おもに「*Bulletin de la Sociêtê Impêriale des Naturalistes de Moscou* モスクワ・帝国自然史学会会報」（1837-1854）である。

また，フィッシャー*と共著で，『*Entomographica Rossica* ロシア昆虫類［鱗翅目］図誌　第5巻』（1851）をまとめた。第4巻までは1823-1824年に発行されており，第5巻ではタテハチョウ科の61種類のみを扱っている（Bridges, 1988）。

---

*フィッシャー—Gotthelf Fischer von Waldheim（1771-1853）。ドイツ・ザクセン地方のヴァルトハイムに生まれ，1804年自然史学の講義のためゲッチンゲン大学の教授からモスクワ大学へ招聘された。モスクワ博物館（自然史）の設立や，モスクワ・帝国自然史学会の創立につくしている。

ウスバキチョウの種小名にエヴァースマンの姓が献名された経緯については，メネトリエスの記述の最後に「ロシアで最初の鱗翅目学者であるエヴァースマン教授に敬意を表して」と書かれている（Ménétriès, 1855）。彼はメネトリエスとほぼ同時代の昆虫学者で，とくに両者とも鱗翅目に造詣が深かったことから，学問上での交流があったものと思われる。メネトリエスがペテルブルグ，エヴァースマンがカザンという約1200 kmも離れた場所に住んでいたが，手紙のやりとりや直接会ったりしていたのであろう。エヴァースマンがウスバシロチョウ属に関して，いくつかの新種を記載しているので，それらの功績に対してメネトリエスが敬意を表したのであろう。

エヴァースマンは，1860年4月4日に逝去した。晩年にいたるまでカザンに住んでいたようであるが，詳しいことは不明である。死後，所蔵していた模式標本をふくむ膨大な標本は，いくつかの変遷をへて，ペテルブルグのロシア科学アカデミー動物学研究所（動物学博物館）に収められた。それは，2848種類，総計14000個体の昆虫類の"大コレクション"であった。

アラスカとカナダにおける発見

1. アラスカでの発見

　デンマーク生まれで，ロシアの北洋・極東探検隊を指揮したベーリング Vitus Bering (1680-1741) により 1728年ベーリング海峡が発見され，ユーラシア大陸のチュコト半島と北アメリカ大陸のアラスカが地続きではないことが確かめられた。ラッコなどの毛皮を求めてロシア人がこの地域に進出し，ロシア-アメリカ会社が設立された。やがてアラスカは植民地化され，1821年ロシア領となった。

　ロシアの統治時代は，ラッコやオットセイなどの毛皮や水産資源を得るために，南部のコディアック島や南東部のバラノフ島（首都のシトカがおかれた）を拠点とした。おもにアラスカの南岸ぞいしか開発されず，内陸部はほとんど手つかずのままであった。しかし，毛皮資源の枯渇と食糧の確保・輸送，先住民族の反乱など植民地経営と維持の困難から，1867年10月18日にアメリカ合衆国へわずか720万米ドルで譲渡された。

　スカダー (Scudder, 1869) によれば，1860年代ごろに，ドール中尉 Lieut. W.H. Dall により指揮されたロシア-アメリカ電信探検隊のアラスカ調査により，ユーコン川中流域のランパーツ Ramparts (Rampart：城壁の意味を表わす) で，1頭の♂が得られたとしている。これは，*Parnassius eversmanni* として報告された。

　1877年にウィリアム・ヘンリー・エドワーズ William Henry Edwards (1822-1909) によってまとめられた『Catalogue of the Lepidoptera of America, North of Mexico part I メキシコ以北のアメリカの鱗翅目の目録』でも *Parnassius eversmanni* とされている。

　しかし，ユーコン川の河口から800マイル（約1290km）の場所で1877年6月に得られた1♀の標本を基に，1881年，ヘンリー・エドワーズ*が，「*Papilio*」誌において，「On two new forms of the genus *Parnassius* ウスバシロチョウ属の2つの新型について」の論文を発表し，このなかで *Parnassius thor* として新種記載した (Edwards, 1881)。その後は，ウスバキチョウの変種 (var. *thor*) とされ，現在はウスバキチョウの亜種 (ssp. *thor*) として扱われている。

　今では基産地となった場所が，はっきり確定できない。ユーコン川の河口から800マイルの地点は，ユーコン川中流域のランパート Rampart 付近になる。上記のスカダーによる記録地に近い。また，河口から100マイルとする文献もあるが，河口に近いユーコンデルタに本種が棲息するとは思えない。原記載が見られなかったので，どちらが正しいのか不明である。エルウェスは模式標本を1♂としている (Elwes, 1886)。

　ホランド (Holland, 1946) は「おもにアラスカ南西部のカスコクウィム川 Kuskokwim の渓谷ぞいでウスバキチョウ *Parnassius eversmanni* の標本を得ている」と記している。

　1896年に，ユーコン川上流のクロンダイク Klondike（現在はカナダ領ユーコン・ドーソン地域）で砂金が見つかり，各地でゴールドラッシュが起こった。フェアバンクス Fairbanks やノーム Nome などの町はこのころにつくられ，たくさんの人が一獲千金を夢見てアラスカに移住した。現在よく知られているウスバキチョウの産地は，上記の2カ所の周辺が多い。

2. カナダでの発見

　第二次大戦中の1942年，アメリカ本土とアラスカを結ぶアラスカ・ハイウェイが着工し，9カ月で開通した。1912年にアメリカ合衆国の準州に昇格していたアラスカは，1959年に，ようやく正式に49番目の州に昇格した。1968年，北極海のプルドー湾で大油田が発見され，1977年，太平洋岸のヴァルディーズに達するアラスカ大陸を南北に縦断するパイプラインが完成した。これにそって建設された道路が，ダルトン・ハイウェイである。昆野 (1995) がこの地域のウスバキチョウについて報告している。アラスカ北部のブルックス・レンジは交通が非

---

*ヘンリー・エドワーズ Henry Edwards (1830-1891)。1830年8月27日，イングランド西部ヘレフォードシアのロスに生まれた。『Butterflies of North America Vol.I-III (1868-97) 北アメリカの蝶・全3巻』を著わしたウィリアム・ヘンリー・エドワーズとはまったくの別人である。後者のエドワーズのほうがアメリカの昆虫学史上では有名である。これまでの報告，例えばブリーク (Bryk, 1935) などでは，両者を混同している。Ssp. *thor* の原記載者はヘンリー・エドワーズである。俳優として活躍し，1853年にオーストラリア，1865年にはカリフォルニアに移り住んだ。1878年にボストンを経て，1879年にはニューヨークへ移った。本業の俳優を演じる傍ら趣味として昆虫の標本を集め，ニューヨーク昆虫学クラブ New York Entomological Club を創立した。1881年から，「*Papilio*」というクラブの機関誌を発行し，自身でその編集を行なった。この雑誌は1885年7月まで発行されている。厄介なことに，ウィリアム・ヘンリー・エドワーズもこの雑誌に寄稿しているので，注意が必要である。ヘンリー・エドワーズは1891年6月9日，ニューヨークで逝去した。収集した蝶蛾類の膨大な標本類は，当時全米一といわれ，ニューヨークのアメリカ自然史博物館 American Museum of Natural History に収蔵された。Ssp. *thor* の完模式標本も，同所に収められている。

写真1 カナダ Keno Hill（斎藤基樹氏撮影）

常に不便なため，現在でもあまり詳しく調査されていない。

このアラスカ・ハイウェイぞいにあるカナダのブリティッシュ・コロンビア州のピンクマウンティン Pink Mountain で，1976年にウスバキチョウが発見されている。アイスナー（Eisner, 1978）によって，ssp. *meridionalis* として記載されたが，すでに *Parnassius* 属の亜種名として先に使用されており，異物同名である。ゴーティエ（Gauthier, 1984）は，その置換名として ssp. *pinkensis* を提出している。いずれにしても，ssp. *thor* の同物異名であろう。

また，太平洋岸のプリンスルパート Prince Rupaert から150 km ほど北東にあるホードリーマウンティン Hoadley Mountain では1972年7月19日に，標高1900 m の地点で1♀の記録がある（Shepard & Shepard, 1974）。北アメリカ大陸における南限にあたるが，その後は報告がないようである。

大雪山系における発見

北海道の中央高地である大雪山は，先住者のアイヌ人によってヌタクカムウシュペ（川が曲がりくねり，その上流にある高原の神々のおわす山）とかカムイミンタラ（神々の遊ぶ庭）と呼ばれていた。おそらく，数百年から千年以上も前より，アイヌの人々は狩猟のためにこの地域の奥地までわけいっていたようである。現在でも白雲岳分岐（標高2100 m）辺りでは，黒曜石でつくったヤジリなど，当時使われていた石器やその破片が見つかる。

江戸時代の終わりごろの文化・安政年間には，間宮林蔵（1775-1844），松田市太郎，松浦武四郎（1818-1888）らによって大雪山周辺の地域が探検されている。それゆえに大雪山の峰々には，間宮岳，松田岳，松浦岳（緑岳）などと彼ら探検のパイオニアに因んだ名称がつけられている。

明治時代になって札幌に開拓使がおかれ，各地で地質調査や測量が組織的に行なわれた。そしてしだいにこの地域の地形が明らかになっていった。明治の終わりには，一般の人の登山も行なわれるようになる。

1907（明治40）年に上川中学校（大正4年に旭川中学に改称，現在の旭川東高校）の安藤秋三郎らが生徒を連れて大雪山へ登り，植物を採集した。翌年，武田久吉によって「博物之友　第8巻第48号」に54種類の植物が報告されている。

塩谷温泉（現在の層雲峡温泉）は古くから知られていたが，施設や交通が整備されて旅客が増えたのは，大正時代末期になってからである。昆虫類では1918（大正7）年に，一色周知が層雲峡においてヒメカラフトヒョウモン（ホソバヒョウモン）を得ている。

上川中学校の教諭，小泉秀雄（1885-1945）は1911（明治44）年から大雪山登山を始め，1928（昭和3）年まで9回，延べ50日以上も登り続け，植物や地質など学術調査を行なった。その功績を称え，小泉岳に献名されている。

1923年に創立された北海道山岳会の後援により，同年黒岳石室の山小屋が完成し，黒岳から北鎮岳の肩を経て旭岳への登山道がつくられた。これにより登山者も増え，小屋をベースにしての調査も可能になった。1924年には旭川の実業家・荒井初一（1873-1928）を会長として大雪山調査会が発足した。小泉もメンバーの一員として加わり，本格的な調査が行なわれるようになった。動植物や地質を中心に調べられ，1925年には，犬飼哲夫により大雪山でナキウサギが見つかっている。

小泉は1926(大正15)年に『大雪山：登山法及登山案内』を上梓している。このなかで寒地帯の蝶としてクモマベニヒカゲを挙げているが，ミヤマシロチョウも同時に載っているので，記述にはあまり信憑性がないとされている。あるいは，エゾシロチョウの誤認かもしれない。ウスバキチョウはともかく，いくら未記録とはいえ，7月には無数に飛んでいるはずのダイセツタカネヒカゲに相当する種類が抜けているのは不可思議である。

　1922年7月に，当時は東京開成中学の学生であった鹿野忠雄(1906-1945)が，弱冠15歳で大雪山に登っている。このときダイセツタカネヒカゲらしきものを目撃した記録が残っている(鹿野，1922)。彼は，後に台湾へ渡り，台北高校に通いながら中央高地を踏破して多くの"台湾の高山蝶"を発見している。東京帝国大学理学部地理学科を卒業して民族学者になり，第二次大戦末期にボルネオ北部へ調査にはいったが，終戦直前に消息を断った。日本の憲兵隊によって虐殺されたといわれる(山崎，1992)。後述する河野廣道*とは，1922年に札幌を訪れたときから面識があり，逆に河野も台湾を訪れて調査している。昆虫学と民族学という共通点で，二人は終生よい意味でのライバルであった。

　1926年，北海道帝国大学農学部生物学科の学生だった河野廣道が単独で大雪山へ昆虫調査にはいり，7月16日に小泉岳と赤岳でウスバキチョウ3♂♂を採集，17日に烏帽子岳，小泉岳，白雲岳でそれぞれ1♂を得た。その後は，北鎮岳，雲ノ平，北海岳，北海平でも採集している。7月16日には小泉岳，18日に烏帽子岳，赤岳，小泉岳でアサヒヒョウモン，7月15日に黒岳，16日に小泉岳，赤岳でそれぞれダイセツタカネヒカゲを，7月18日に烏帽子岳でカラフトルリシジミを採集している。河野(1930)の記録と松村(Matsumura, 1926)の原記載とでは，データがずいぶん異なっている。ここでは実際に採集した河野の記述に従った。

写真2　赤岳から見た烏帽子岳

*河野廣道(こうの　ひろみち：1905-1963)。1905(明治38)年1月17日，常吉(1862-1930)の次男として札幌市に生まれる。父は長野県島内村(現在の松本市島内)の出身で，1894年に北海道へ渡り，道庁の嘱託となった。道史の編纂を行ない，北海道の開拓史・考古学・民族学の研究者として知られる。叔父は『高山植物の研究』(1917)，『高山研究』(1927)などの著書がある，高山植物研究者の河野齢蔵(1865-1939)。

　1921年4月北海道帝国大学予科入学，1922年に北樺太学術調査隊へ参加。1923年7月中旬に大雪山麓で調査。1924年3月，同大学予科卒業。同4月に同農学部に入学。教授は昆虫学の泰斗，松村松年博士(1872-1960)であった。1926年7月中旬と8月上旬，大雪山でウスバキチョウ，ダイセツタカネヒカゲ，アサヒヒョウモン，カラフトルリシジミなどの高山蝶を発見する。翌年7月にも大雪山で調査した。

　1927(昭和2)年3月，北海道帝国大学農学部生物学科昆虫学分科卒業，同大学院に進む。同年，台湾新高山脈の調査。1930年3月に修了後，同科の助手となる。1932年2月ドイツ語による論文「日本産象鼻虫科(ゾウムシ科)短吻象鼻虫の研究」で農学博士の学位を授与される。弱冠27歳であった。

　1935年8月13日，治安維持法による左翼運動弾圧事件に巻き込まれ，30日間拘留されるも，嫌疑不十分(起訴留保)で釈放される。無実の罪であったが，一時は大学に辞表を提出させられた。1937年5月8日に副手嘱託として復職。1938年に農学部講師となり，1944年まで森林昆虫学，昆虫分類学，応用昆虫学などの講義を行なった。

　1941-1943年に南樺太や北千島の調査を行ない，1944年6-10月には旧満洲大興安嶺の調査に従事した。1942年12月より，北海道新聞社・北方研究室長を嘱託される。1944年4月同社論説委員兼務，5月に同社参事となり，1946年12月に退社。その後は，道内の地域史の編輯などをしながら，埋蔵文化財の発掘などを行ない，1955年1月からは北海道学芸大学札幌分校教授(現在の北海道教育大学札幌校)に就任する。考古学担当であった。

　1963年7月12日に札幌市にて逝去。享年58歳。

　昆虫関係では約220編の論文と10冊の著書があり，とくに雪虫(トドノネオオワタムシ，コオノオオワタムシなど)やオトシブミ，チョッキリゾウムシ類の分類・生態研究，森林害虫や衛生昆虫の研究などで知られ，北海道南西部の札幌低地帯を境界とする生物相の違いから，いわゆる"河野線(河野ライン)"を提唱した。

　戦後は昆虫に関する著書もいくつか出版されているが，おもに民族学・人類学・考古学に研究対象が移った。昆虫関係の著書に『日本動物分類　第5～6，21』(分担執筆，三省堂，1936-37)，『北方昆虫記』(楡書房，1955)，遺作集として『森の昆虫記Ⅰ　雪虫篇；Ⅱ　落し文篇』(北海道出版企画センター，1976-77)などがあり，『河野広道著作集　全4巻』(北海道出版企画センター，1971-72)が刊行されている。

写真3　河野廣道著『北方昆虫記』

第1章 研究史

図9 河野廣道の報文『大雪山の蝶類』

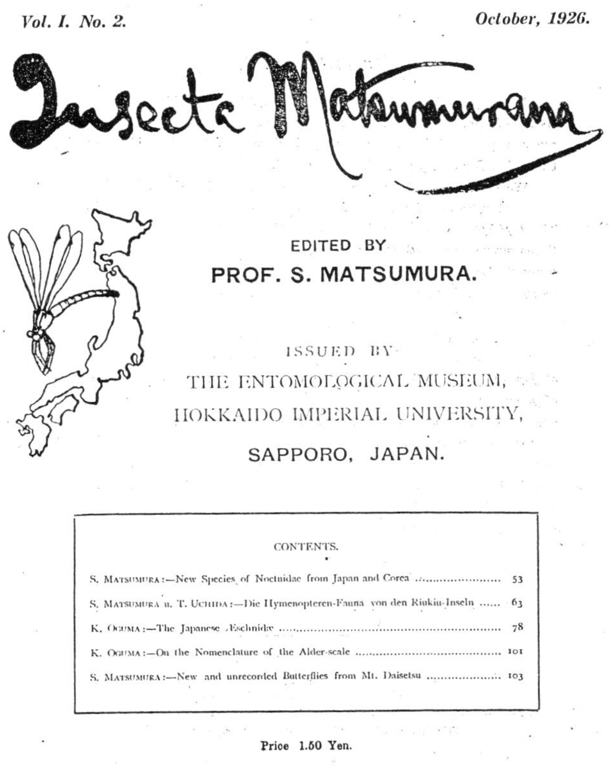

図10 *Insecta Matsumurana*, 1926 Vol.1 No.2 の表紙

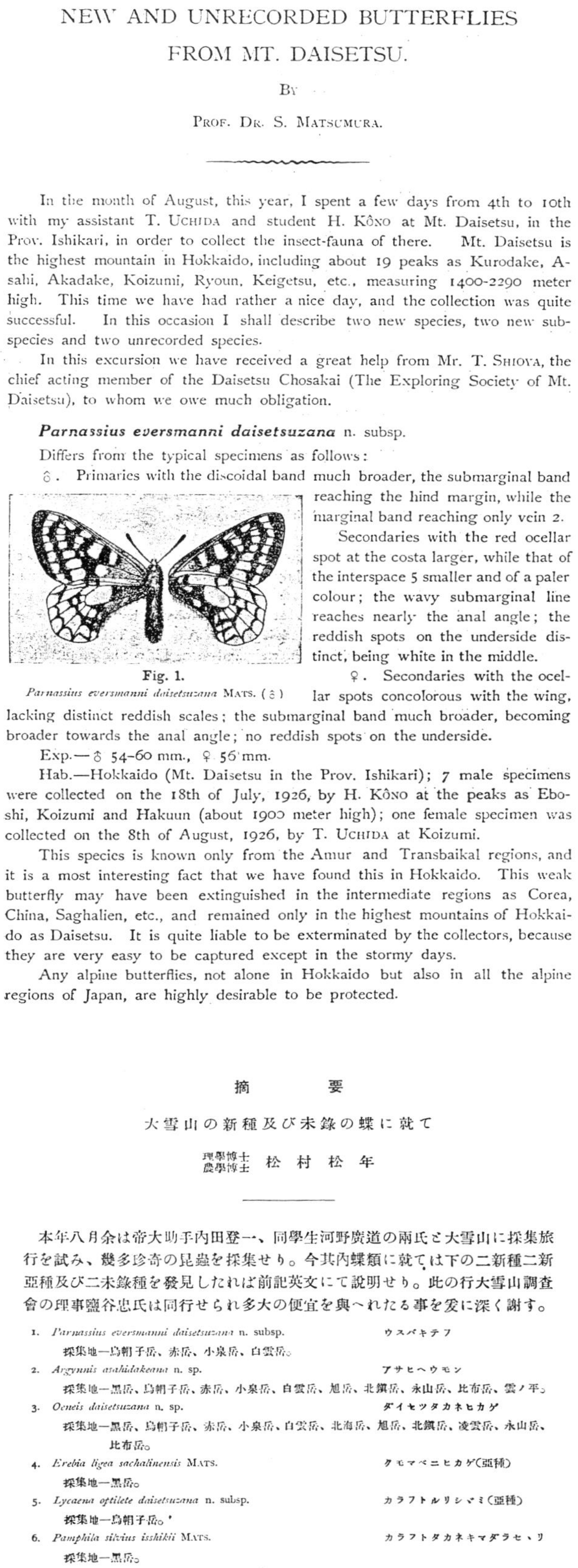

NEW AND UNRECORDED BUTTERFLIES FROM MT. DAISETSU.

By

Prof. Dr. S. Matsumura.

In the month of August, this year, I spent a few days from 4th to 10th with my assistant T. Uchida and student H. Kôno at Mt. Daisetsu, in the Prov. Ishikari, in order to collect the insect-fauna of there. Mt. Daisetsu is the highest mountain in Hokkaido, including about 19 peaks as Kurodake, Asahi, Akadake, Koizumi, Ryoun, Keigetsu, etc., measuring 1400-2290 meter high. This time we have had rather a nice day, and the collection was quite successful. In this occasion I shall describe two new species, two new subspecies and two unrecorded species.

In this excursion we have received a great help from Mr. T. Shioya, the chief acting member of the Daisetsu Chosakai (The Exploring Society of Mt. Daisetsu), to whom we owe much obligation.

Parnassius eversmanni daisetsuzana n. subsp.

Differs from the typical specimens as follows:

♂. Primaries with the discoidal band much broader, the submarginal band reaching the hind margin, while the marginal band reaching only vein 2.

Secondaries with the red ocellar spot at the costa larger, while that of the interspace 5 smaller and of a paler colour; the wavy submarginal line reaches nearly the anal angle; the reddish spots on the underside distinct, being white in the middle.

Fig. 1.
Parnassius eversmanni daisetsuzana Mats. (♂)

♀. Secondaries with the ocellar spots concolorous with the wing, lacking distinct reddish scales; the submarginal band much broader, becoming broader towards the anal angle; no reddish spots on the underside.

Exp.—♂ 54-60 mm., ♀ 56 mm.

Hab.—Hokkaido (Mt. Daisetsu in the Prov. Ishikari); 7 male specimens were collected on the 18th of July, 1926, by H. Kôno at the peaks as Eboshi, Koizumi and Hakuun (about 1900 meter high); one female specimen was collected on the 8th of August, 1926, by T. Uchida at Koizumi.

This species is known only from the Amur and Transbaikal regions, and it is a most interesting fact that we have found this in Hokkaido. This weak butterfly may have been extinguished in the intermediate regions as Corea, China, Saghalien, etc., and remained only in the highest mountains of Hokkaido as Daisetsu. It is quite liable to be exterminated by the collectors, because they are very easy to be captured except in the stormy days.

Any alpine butterflies, not alone in Hokkaido but also in all the alpine regions of Japan, are highly desirable to be protected.

図11 Ssp. *daisetsuzanus*（= *daisetsuzana*）の記載

1926年8月上旬には同科の松村松年教授，内田登一助手，学生の河野が大雪山を訪れ，河野が8月10日に雲ノ平でウスバキチョウ1♂を得た。8月8日には内田が小泉岳で同1♀を採集した。この年，河野は7月と8月の2回大雪山へ登っている。また，翌年7月上-中旬に再び同地を訪れた。1923年から1927年まで前後4回，大雪山に登って昆虫相を調査している。

　これら7♂♂1♀のウスバキチョウの標本を基にして松村(Matsumura, 1926)が，1926年10月28日発行の「*Insecta Matsumurana* 1(2): 103-107」において*Parnassius eversmanni daisetsuzana*(新亜種)として発表した。同時にダイセツタカネヒカゲ(新種)とアサヒヒョウモン(新種)，カラフトルリシジミ(新亜種)，クモマベニヒカゲも記載・記述されている。なお，これらの調査は大雪山調査会の後援で行なわれた。

　内田清之助(1930)は，大雪山産のウスバキチョウをシベリア中部産の ssp. *septentrionalis* と同じ亜種であるとしたが，この見解は認められていない。

　1964年7月，文化財専門審議会専門委員の武田久吉を隊長とする大雪山地区特別調査が行なわれ，翌1965年5月12日にアサヒヒョウモン，ダイセツタカネヒカゲとともに国の天然記念物に指定された。

　さらに1971年4月23日には大雪山の高山帯が国の天然記念物に指定され，その後に特別天然記念物となった。

　これら高山蝶の生態については，田淵行男が1971年から7年間も続けて大雪山に通い，1978年に朝日新聞社より『大雪の蝶』を上梓している。私もちょうど同じころから大雪山を訪れて観察・撮影しており，1985年に本州の高山蝶をふくめた『日本の高山蝶』(保育社)を出版した。

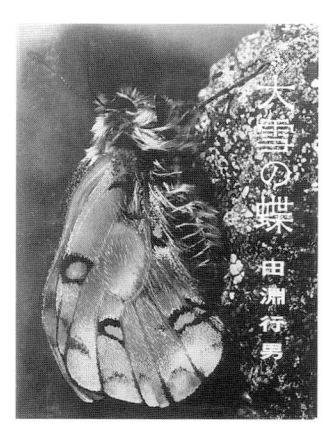

写真4　田淵行男著『大雪の蝶』　写真5　渡辺康之著『日本の高山蝶』

朝鮮半島(蓋馬高台)における発見

　1894-95年の日清戦争以後，日本の朝鮮半島への進出がさかんになり，1910(明治43)年の日韓併合条約にいたった。多くの日本人が朝鮮半島に移り住み，学校もつくられた。この地域の蝶類は，バトラーA.G. Butler(1844-1925)やリーチ John Henry Leech(1862-1900)らにより19世紀の終わりごろから調べられた。やがて日本人が各地で採集するようになり，多くの未記録種が見つかった。また，1923(大正12)年ごろに，朝鮮博物学会が発足している。

　朝鮮半島における蝶類の集大成が森為三・土居寛暢・趙福成の共著『原色 朝鮮の蝶類』(1934年12月15日発行)である。アカボシウスバやオオアカボシウスバは掲載されているが，ウスバキチョウは同年8月に朝鮮半島北部の蓋馬高台で初めて発見されており，出版には間に合わなかったらしく載っていない。

　京城中学の教諭で朝鮮山岳会(C.A.C.：1931年創立)の会員であった佐々亀雄*は，1934年の夏に未踏峰の遮日峰をめざし，8月7日にその途中にある蓋馬高台の一角にある有麟嶺の針葉樹林帯で，クガイソウの花にとまっていたウスバキチョウを採集した。この年は合計4♂♂1♀の標本を得た。戦後の1961年になって『新種発見』という著書をだし，このときのようすを詳しく記

---

*佐々亀雄(さっさ かめお：1900-?)。1900(明治33)年7月14日，京城に生まれる。自伝によれば安土桃山時代の武将佐々成政の子孫とのこと。京城中学，第五高等学校理科(熊本)，東京帝国大学文学部を卒業。京城中学に英語・国漢・公民教諭として勤務し，1945年8月15日の終戦まで朝鮮半島各地で採集し多くの蝶の標本を得たが，日本へ持ち帰ることはできず，進駐してきたアメリカ軍に大部分接収されたという。もっとも，自伝では自発的に寄贈したことになっている。はたして，現在でもアメリカ本国で無事に保存されているのだろうか。1956年に郷里の熊本へ引き揚げ，県立高校長，教育庁指導室長，教育研究所長などを歴任。1960年に退職。著書に『新種発見』(日本談義社，1961)がある。

写真6　佐々亀雄著『新種発見』

2. *Parnassius eversmanni eversmanni* Ménétriès
ウスバキテフ (Fig. 2)

ウスバキテフの我國領域内に於ける産地として是迄知れてゐたのは北海道大雪山だけであつて朝鮮でも其産否は確報されてゐなかつた。けれども本種はアラスカ、アルタイ、東南シベリア、アムール及ウスリー地方に分布して居るとされてゐるから、筆者はアムールやウスリーに近い朝鮮の北部高地帯には何れかの亞種が産するであらうとは思つて居た。然るに偶々、京城中學校教諭佐々龜雄氏は本年(昭和9年)8月、咸鏡南道長津郡有鱗嶺に登山された際、本種を採集されたのである。是れが此珍種の朝鮮に於ける最初の採集であつて、朝鮮産蝶類目録中に本種を加へ得たことは誠に痛快事である。茲に特に請うて同氏の諒解を得報告することにした。

採　集　者—佐々龜雄氏
採集月日—昭和9年8月7日 (4♂♂, 1♀)
採　集　地—咸鏡南道有鱗嶺(海抜 1500—1900 m.)
翅の開張—♂ 60—62 mm. ♀ 64 mm 即ち *septentrionalis* 亞種よりも大きい。
翅の斑紋—(ア) ♂の後翅表面の斑紋。
第7室中央部にある黒色斑紋の内方は一様に赤色なるものもあるが、黒斑の内側に赤色環があつて其内方の淡赤いものもある。
中室の外方即ち第5室の黒斑は其内側に赤色環があつて更に其内方の淡赤いものもあれば、また赤色鱗少く單に長方形狀の黒斑の如くなつたものもある。
是等の赤紋は *septentrionalis* に比べて一般に小さい傾向をもつてゐる(開張の大なる割合に反して却つて赤紋が小さい)。

Fig. 2 *Parnassius eversmanni eversmanni* Ménétriès ウスバキテフ (縮小)
上, ♀; 下, 共に ♂.

後翅内縁の後方即ち第1、第2の兩室に亙る長斜状の斑紋は赤色鱗甚少く單に黒斑となつてゐる。
(イ) ♀の後翅表面の斑紋。
第7室及第5室の黒斑の内方は何れも一様に赤色であつて、開張の大なるに反して赤紋は *septentrionalis* のに比べて却つて小さい。
第1、第2の兩室に亙る長斜状の黒斑の中央には細長い赤色斑紋を有する。
朝鮮産のものは上記の如く *septentrionalis* よりも開張大きく且つ後翅赤紋の大さも割合に小さい傾向を有する。
本項を草するに當り貴重な標本を貸與され此調査に格別の厚意を寄せられた佐々龜雄氏並に比較材料として北海道大雪山産の標本を分讓された江

(欄外手書き: 本種はこの十月の科学館報までは亜種を変更のそへより。(*P. eversmanni maui*))

図12　土居寛暢による朝鮮半島におけるウスバキチョウの報告。土居から河野廣道に贈呈された「*ZEPHYRUS*」別刷

土居寛暢(1935)は6月30日発行の蝶類同好会機関雑誌「*ZEPHYRUS*」に，「朝鮮産蝶の一新亜種及び二未記録種に就いて」を発表し，そのなかでウスバキチョウの原名亜種 *Parnassius eversmanni eversmanni* として報告した。基になったのは，佐々が採集した上記の5頭の標本である。

佐々は1935年7月，咸鏡北道の冠帽連峰の雪嶺頂に登る目的で出発し，途中下車して再び有鱗嶺で採集した。ウスバキチョウの採集結果は11♂♂1♀であった。すでに内外の多くの研究者や同好者から，ウスバキチョウの標本を分けてくれるよう依頼を受けていた。

同年10月，土居寛暢・佐々亀雄の共著で，京城(現在のソウル)の恩賜科学[博物]館の「科学館報」に「朝鮮産ウスバキテフに就いて」を報告している。このときは前回の報告を訂正して ssp. *maui* として発表された。ここで，"テウセンウスバキテフ"の和名を初めて使った。

佐々は1936年も有鱗嶺へ行き，ウスバキチョウを2♂♂3♀♀を採集した。さらに7月31日に披水嶺の頂上付近でも1♂を得た。

荒川(Arakawa, 1936)は英文で朝鮮半島におけるウスバキチョウの記録を報告し，佐々が採集した♂を図示している。

佐々は1937年の4度目の有鱗嶺行きで，3日間でウスバキチョウを46♂♂10♀♀を採集した。おそらく，これが蓋馬高台での最後のウスバキチョウ採集行であろう。

ドイツ・ハンブルクの標本商バン-ハース Otto Bang-Haas(1882-1948)は1937年4月22日発行の昆虫学雑誌「*Entomologische Zeitschrift*」に「Neubeschreibungen und Berichtigungen der Palaearktischen Macrolepidopterenfauna. XXVIII 旧北区の大鱗翅類の新記述と整理」を発表し，*Parnassius eversmanni sasai* として新亜種の記載をした。参考にしたのは土居(1935)，土居・佐々(1936)，荒川(1936)などに図示された有鱗嶺産の標本である。なお，原記載には図がなく，まだ手元に標本がなかったらしい。模式標本として，荒川の図示した♂を指定している。

松村(Matsumura, 1937)は1937年6月30日発行の「*Insecta Matsumurana*」において，佐々が1935年7月27日に有鱗嶺で採集した1♂の標本を基に *Parnassius everesmani*[！]f. *sasai* として記載したが，前記のバン-ハースの記載より発行日の日付で，約2カ月ほど遅れているので，命名規約により無効となった。当時としては

Neubeschreibungen und Berichtigungen der Palaearktischen Macrolepidopterenfauna XXVIII.

Von Otto Bang-Haas, Dresden-Blasewitz.

Parnassius eversmanni sasai O. B.-Haas, subsp. nov.

P. *eversmanni* M., Doi, Zephyrus 6, p. 17, f. 2 (1935) —
P. *eversmanni maui* Bryk, Doi u. Sasa, Bull. Science Museum Keijo 52, p. 1 mit 2 Textabbildungen, 1 ♂ ab. *meaiocaeca* (1936) (beide Beschreibungen in japanisch) — Arakawa, The Rhop. Mag. 1, p. 47, t. 7, f. 1 (1936) (in englisch).

Habitat: Corea sept., Prov. Chozu, Mt. Yurienei, Kankyonando, 1500—1900 m. August 1934, gef. 4 ♂, 1 ♀ von Mr. Kameo Sasa. Spannweite: ♂♂ 60—62 mm, ♀ 64 mm.

Nach Mitteilungen eines Sammlers aus Korea soll eine erste Generation von Mitte Mai bis Mitte Juni, eine zweite von Juli bis August fliegen. Von der Sichotin-Alin Rasse *maui* Bryk trennte ich die erste Generation als *mauoides* O. B.-H. ab (Typen in Coll. Bang-Haas), die Angaben von Dr. Moltrecht wurden von mehreren Seiten angezweifelt. Vergl. Horae Macr. I, p. 7 (1927).

Als Type betrachte ich den von Arakawa l. c. abgebildeten ♂; *sasai* steht der *mauoides* O. B.-H. am nächsten, ist etwas größer, Vfl. die schwarzen Binden und Flecke sind jedoch stärker, breiter, Hfl. mit deutlicher Kappenbinde, die beiden Ozellen sind lang-gezogen. Frische Exemplare von *eversmanni* haben meist tiefrote Ozellen, mit der Länge der Dauer des Fluges verblaßt diese Rot-färbung. Herrn Arakawa danke ich für Zusendung der Separata.

Parnassius nomion japonicus O. B.-Haas, subsp. nov.

Shujiro Hirayama, Mushi No Sekai 1, p. 4 (1936).
Arakawa, The Rhop. Mag. 1, p. 49 (1936).

Habitat: Hokkaido, Mt. Tomurauschi und Tokachi, Juni, 4 ♂♂. Spannweite: 70—75 mm

Vom Transbaical bis Ussuri, Korea, Mandschurei, Chingan Gebirge bis zur Prov. Shansi, wo Dr. Höne die *phoebus* ähnliche *bemeri ellenae* Bryk entdeckte, fliegen *bremeri* und *nomion* in den gleichen Gebieten. Es war deshalb zu erwarten, daß außer *bremeri aino* Nak. Ent. Z. 50, p. 334 (1936) auch eine *nomion*-Rasse entdeckt wurde. Auf der Insel Japan fliegen demnach die vier gleichen *Parnassius*-Arten wie in Korea und an der Ost-küste Asiens.

Die mir vorliegenden 4 ♂♂ sind kleiner als die Korea-Rasse *chosensis* Mats. Flügelfond gelblichweiß. Vfl.: Die Marginalbinde meist mit intervallen, weißen Keilflecken. Submarginalbinde schwächer, in einzelne Flecke aufgelöst. Costalflecke ohne Rot-kernung. Hfl.: Augenflecke in der Größe variabel, bei 1 ♂ nicht weiß gekert. Die Submarginalbinde besteht aus schwachen Mönd-chen, schwarze Marginalflecke an den Aderenden. Hfl. Us.: Der zweite Analfleck rotgekernt, 2 bis 4 rote Basalflecke.

図13　*P. eversmanni sasai* と *P. nomion japonicus* の原記載

珍しくカラー印刷で図示されているのに，大変残念に思われる。この原記載によると，基となった標本は平山修次郎所蔵の♂と記されている。

SOME NEW BUTTERFLIES FROM JAPAN AND KOREA

By

SHONEN MATSUMURA

(With Plate V)

Parnassius everesmani f. *sasai* n. f. (Pl. V, fig. 5)

♂. Differs from f. *daisetsuzana* Mats. in the following points:

Fore wing at the base yellowish, with 2 fuscous patches near the middle; at the bases of the first 4 interspaces below the cell with each a yellowish spot, that of the first being very large.

Hind wing with one third of the cell fuscous; the reddish markings of the 5th and 7th interspaces larger; the basal part of the 2nd interspace not fuscous; the central spot of the 2nd cell independent, somewhat incurved, and not con-nected with that of the 5th; the submarginal fuscous band more highly waved.

Hab.—Korea. One male specimen was collected at Yurinryo, in the Prov. Kankyonando (27. VII, 1935) by K. SASA.

The holotype is now preserved in the cabinet of S. HIRAYAMA.

This differs from the typical form in having the basal portion of the fore wing yellowish, the premedial fuscous band broader, and the submarginal band of the hind wing more highly wavy and more distinct.

図14　*P. everesmani* [!] f. *sasai* の原記載

中国・大興安嶺における発見

1932年3月1日，日本の関東軍の後押しで，辛亥革命まで清朝の皇帝であった溥儀が執政(2年後に皇帝就任)となり，傀儡国家"満洲国"がつくられたが，終戦直後の1945年8月18日まで，わずか13年余りの命であった。

日本内地から多くの日本人が，満蒙開拓の名のもとに中国大陸へ移住した。このような時代背景の下で，当時まだ未知の地域だった北部大興安嶺の探検が，今西錦司ら京都帝国大学のグループにより計画された。

1942年5月から7月にかけて，京都帝国大学理学部動物学教室嘱託で，興亜民族生活科学研究所(京大内に設置)の所員だった今西錦司を隊長として，総勢21名による大興安嶺の探検が行なわれた。

隊員には副隊長の森下正明のほか，当時同大学の学生であった吉良竜夫，梅棹忠夫，川喜田二郎，藤田和夫らがいた。戦災のため原稿と版下が焼け，報告書の出版は一時中止されたが，文部省の学術成果刊行助成金により1952年，今西錦司編『大興安嶺探検』として1冊の本にまとめられている。

一行は1942年5月12日に海拉爾を出発し，三河(現在の内蒙古自治区呼倫貝尓盟額尓古納右旗の北)にむかった。14日に隊員13人が馬車や駄馬で荷物を運び，三河を出発した。根河を溯り，英吉里山(標高1212m)を越えて，激流河へはいった。64日かけて，7月16日には黒龍江(アムール川)に近い漠河へ着いた。いっぽう別動隊は，アムール川ぞいの黒河から船便で漠河へ5月24日に着いて調査を行ない，老槽溝(老槽河)の最上流に基地を築き，大興安嶺を縦断してきた本隊および支隊と合流した。

吉良竜夫によって記された，『大興安嶺探検』の第5章「ビストラヤ本流からアムールへ」のなかの"花の海"の項には，次のように記されている。ウスバキチョウを採集したのは吉良自身であろう。この探検ではアサ

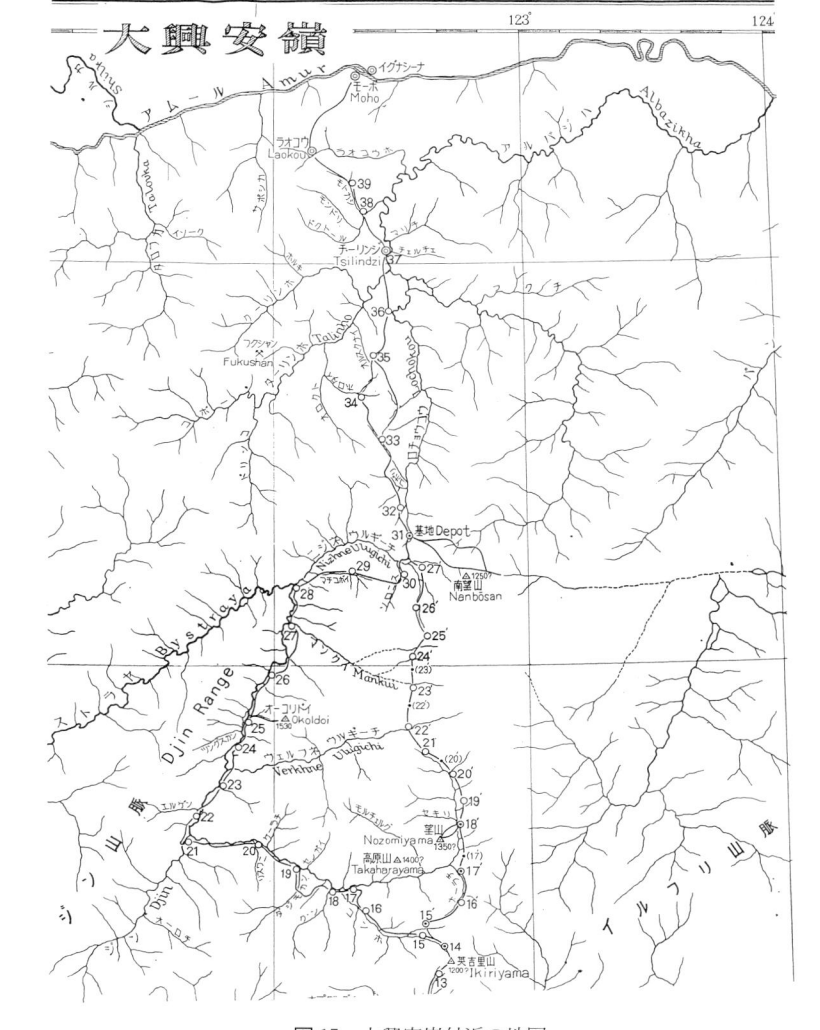

写真7 今西錦司編『大興安嶺探検』

図15 大興安嶺付近の地図

ヒヒョウモンも得られている。

「ソロニースの谷でネットにはいったウスバキチョウなどは，少年のころのわたしの足を，標本商のガラス・ケースのまえにくぎづけにし，少年の夢をそそりたてた蝶であった。そういううつくしい蝶が，手のネットのなかでバタバタするのをみて，わたしは幸福だった」

採集されたのは，旅行の記録から検証すると，1942年7月1日である。岩本・猪又(1988)および大屋・藤岡(1997)は8月1日にしているが，7月16日には隊員ら全員がすでに探検を終えて漠河にはいっているので，8月というのは考えられない。たった1♂のウスバキチョウの標本は，探検で採集された68種類の蝶類標本とともに，東京新大久保の国立科学博物館分館に所蔵されている。私が標本のラベルを調べたところ《北部大興安嶺/ビストライヤ，マチコボイ/1.Ⅶ.1942/今西探検隊》と記されていた。最初の報告(今西，1952)では，ウスバキチョウの学名として *Parnassius eversmanni* だけが書かれ，亜種名については記されていない。

標本は右の前後翅がやや羽化不全ではあるが，比較的新鮮な個体である。採集されたのは，アムール川の上流アルグン川の支流ビストラヤ川の上流にある，ニジネ・ウルギーチ川のソロニース(ソロニス)谷である。

1987年5月6日から6月2日にかけて，大興安嶺地域で大森林火災が起き，森林総面積のおよそ8.5％にあたる101万ヘクタール余りを焼失している。そのなかには漠河県の一部が含まれるが，前記のウスバキチョウの棲息地の2ヵ所は，わずかに焼失区域より外れているようである。この地域の山火事は小規模なものでは，毎年のように起きているらしい。

この標本は岩本・猪又(1988)がカラー写真で紹介しているが，そのときには1♂の標本しかなく亜種記載は見送られた。

その後，1991年7月28日に西山保典と河辺誠一郎・詫間裕の3人が内蒙古自治区呼倫貝爾盟の満帰(マンクイ)鎮で2♂♂(採集者は河辺)を採集した。50年前には人跡稀な地域であったが，現在は満帰鎮(人口3万人余)まで鉄道が通っており，今西(1952)の地図上のマンクイ川とジン河の合流点付近で，上記のソロニス谷の南西側にあたる。現在では，満帰から漠河まで自動車道が通っている。

中国のウスバキチョウについては，今西隊の1♂を完模式標本，河辺の2♂♂を副模式標本として，大屋厚夫と藤岡知夫が共著で，1997年に新亜種 ssp. *nishiyamai* を記載している。

なお，森・趙(1938)が大陸科學院より1938年5月，『満洲國の蝶類』を発表しているが，ウスバキチョウはまだ発見されておらず，当然ながら掲載されていない。

写真8　大興安嶺満帰鎮の棲息地(西山保典氏撮影)

第 2 章　学　名

学名とは

　学名 Scientific name は，国際動物命名規約により定められた，動物の世界共通の呼び名である。スウェーデンのリンネ Carl von Linné (Carolus Linnaeus 1707-1778) が動物分類の基礎を築き，学名はその著書である『Systema naturae 10 th ed. 自然の体系第 10 版』(1758) を基にしている。国際動物命名規約は 1961 年に第 1 版が出されて以来 3 回改定され，現在使われているのは 1999 年 8 月発行の第 4 版である。

　属名 genus と種名 species からなる二名式命名法が用いられ，より細かい分類単位の亜種 subspecies を表わすときには，三名式命名法を使用する。属より上位の分類単位である，族，亜科，科，上科などは，一名式の名称である。また，属より下位に亜属 subgenus をおく場合もある。同じ分類単位の種には，たった 1 つの最も古い適格な学名が有効である。また，動物と植物，バクテリア，ウイルスの命名法は，それぞれ互いに独立している。

　学名の語源はラテン語やギリシャ語などで，それ以外の言語であってもラテン語化してローマ字で書き表わす。属名は原則的に単数主格の名詞であるが，例外もある。種名や亜種名には形容詞や現在分詞，名詞などを用い，必ず属名の性（男性，女性，中性）に一致させなければならない。もし性が誤って用いられた場合や，別属に移されてその性が変わった場合は，性の一致の原則から，語尾が自動的に改訂される。しかし，これでは学名がしばしば変わったりして煩雑になるので，将来的には命名規約を改訂して属の性をなくそうとする動きがある。

　亜種より下位の分類とみなされる変種 variety (var.) や型 form (f.)，異常型 aberrant (ab.) などの命名は，1961 年以降については認められていない。属名を新たに創出するときには，その基準となる模式種 type species の指定，あるいは表示が必要である。

　種を記載するときには，模式標本（基準標本，タイプ標本）type specimen が指定される。現在では複数の標本を模式にする場合でも，そのなかから 1 頭の完模式標本（正規準標本）holotype を選んで指定する。これ以外のものは，副模式標本 paratype になる。かつては，単数もしくは複数の模式標本 type (cotype) の指定だけのことが多く，これらは総模式標本 syntype と呼ばれる。現在，cotype という用語は使われていない。以前には模式標本の指定がない場合も多かった。後世の研究者が総模式標本のなかから 1 頭を選びだして，後模式標本 lectotype を指定することもできる。これら全体を一括してまとめ，模式標本系列 type series という。

　種や亜種などの記載は，その手続きさえ正当であれば誰にでもできる。しかし，分類の基になった模式標本を後世に残すために，私蔵せずに研究所や博物館などの公的な施設や場所で保管することが望ましい。また，発表する雑誌なども私的なものではなく，一般の研究者が容易に入手できるものが相応しい。

　もし新種や新亜種の記載，その原典を知りたいときには，1864 年よりロンドン動物学会から発行され，現在はアメリカ・フィラデルフィアの BIOSIS と共同で刊行されている「*Zoological Record*」を調べると，たいてい判明する。しかし，近年では記載が私的な雑誌などに掲載されることが多く，すべての文献および種名，亜種名が網羅されているわけではない。

　蝶類については，アメリカのブリッジズ Charles A. Bridges により，文献および科名，属名の目録，各科ごとの種名，亜種名の文献目録がまとめられている。ただし，タテハチョウ科やジャノメチョウ科などが未完のまま，著者は既に亡くなっている。なお，種名や亜種名については，研究者により扱いが異なることがある。

　以上のような原則に従い，ウスバキチョウ大雪山亜種の学名を書き表わすと次のようになる。属名，種名，亜種名は，ふつうイタリック体（斜体）の活字を使う。

Parnassius eversmanni daisetsuzanus Matsumura, 1926
　（属名）　　（種名）　　（亜種名）　　（命名者，命名年）

　これは 1926 年に Matsumura（松村松年）が *Parnassius* 属の種 *eversmanni* の亜種として，*daisetsuzanus*

(最初の記載では *daisetsuzana* と命名されたが，*Parnassius* が男性名詞なので，語尾を女性形の *-a* から男性形の *-us* に変化させる)を記載したことを表わす。命名者と命名年は省略されることもある。

　なお，後になって属の所属が別の属に変えられた場合には，命名者と命名年を丸括弧（　）でくくる。また，命名者や命名年がはっきりせず，後世の推定によるものには，それぞれ角括弧［　］でくくる。

ウスバキチョウの学名

1. ウスバシロチョウ属とアッコウスバ亜属

ウスバシロチョウ属

Genus *Parnassius* Latreille, 1804
　Nouv. Dict. Hist. nat. 24(Tab.): 185, 199.
Type species: *Papilio apollo* Linnaeus, 1758
= *Parnassius apollo* (Linnaeus, 1758)
　Systema naturae (10 th ed.) 1: 465.

アッコウスバ亜属

Subgenus *Tadumia* Moore, [1902]
　Lep. ind. 5(53): 116.
Type species: *Parnassius acco* Gray, [1853]
　Cat. Lepi. insects Bri. Mus. part. 1 "1852" : 76, pl.12 (f. 5: ♂, f. 6: ♀).

2. ウスバキチョウ

Parnassius (*Tadumia*) *eversmanni* [Ménétriès] in Siemaschko, [1850]
In: Симашко, Русская Фауна [In: Siemaschko, Russkaya fauna, part 17 Lep.: tab. 4, fig. 5(♂).]
Type locality: Kansk (nec East-Sayan Mts.), Krasnoyarsk Region, Russia.

　第1章の研究史で詳述したように(55ページ参照)，ロシアのメネトリエス E.P. Ménétriès によって，シーマシュコ J.I. Siemaschko と共著になる『Русская Фауна ロシア動物誌』の第17分冊　鱗翅目，第4図版第5図に♂が図示されたのが最初で，これが原記載とみなされる。発行年について，現在ロシアにおいて採用されているのは1850年である。

　後に，メネトリエス(Ménétriès, 1855)自身により《un seul exemplaire mâle, envoyé de Kansk par M. le Dr. Stubbendorff》と記されており，この1♂の標本はシュトゥベンドルフ博士が，クラスノヤルスク州カンスク周辺で採集したものであることがわかる。

　1849年にメネトリエスが記載したヒメウスバシロチョウ *P. stubbendorfii* の基産地も同じカンスクであるが，《les rives de la Chorma dans le district de Kansk》と記述されており，東サヤン山脈 East-Sayan のエルマ川 Erma ぞいにあたる。種名はシュトゥベンドルフ氏に献名されている。

チコロベッツ(Tshikolovets, 1993 a)によれば，サンクトペテルブルグのロシア科学アカデミー動物学研究所(動物学博物館)に所蔵されている原名亜種の模式標本は，完模式標本の1♂である。

ピンク色のラベルに，メネトリエスの手書きで《Kansk》，印刷で《specimen/typicum》と記され，黒枠のなかには《e Coll. Acad.》と手書きされ，メネトリエスにより《Eversmanni/Nob./Kansk》と記されている。

そして，ネクルテンコ Yu.P. Nekrutenko の手書きにより，赤いラベルに《*eversmanni*/[Ménétries]1850/Holotypus ♂/design. sec. par Nekrutenko/8. IV. 1983》と記されている。

これらのことから，メネトリエスは"カンスク産の1♂"を基に本種を記載したとみなされ，単一模式による完模式標本 holotype by monotypy となる。

しかしながら，現在の分布状況から原名亜種ssp. *eversmanni* の産地は低標高地のカンスクそのものではなく，実際に採集されたのはクラスノヤルスク州カンスクの南東約250 kmにある，東サヤン山脈一角の高山帯と考えられる。

最近のロシアの蝶類図鑑(Tuzov *et al.*, 1997)では，シベリアから北米大陸に分布するものを P. *eversmanni*，ロシア極東のアムールやウスリー地域，中国東北部，朝鮮半島北部，日本(大雪山)産を P. *felderi* として，2種に分割している。これはブレーマー(Bremer, 1864)の P. *felderi* の記載を踏襲しているが，アムール川中流域のゴルヌィ付近では白色型と黄色型が混じり，その中間の色彩をもつものがいる。さらに両者の分布圏には明確な区切りがなく，日本産までを一括して別種にするのは無理があろう。本書では同一種として取り扱う。

ミトコンドリアDNAのND5遺伝子による解析では，ロシア極東産において両者の塩基配列は一致し，少なくとも大陸において別種ではなく，亜種の関係にあることが確かめられている(尾本ほか：日本鱗翅学会第46回大会講演要旨集，1999)。

シノニムリスト

1. ウスバシロチョウ属 *Parnassius*

Parnassius Latreille, 1804; *Nouv. Dict. Hist. nat.* 24: 185, 199.
　Type species: *Papilio apollo* Linnaeus, 1758
Doritis Fabricius, 1807; *Magaz. f. Insektenk* 6: 283.
　Type species: *Papilio apollo* Linnaeus, 1758
Therius Billberg, 1820; Eumeratio Insectorum in Museo G. J. Billberg Stockholm: 75.
　Type species: *Papilio apollo* Linnaeus, 1758
Tadumia Moore, [1902]; Lepid. Indica 5(53) Rhopalocera: 116.
　Type species: *Parnassius acco* Gray, [1853]
Kailasius Moore, [1902]; Lepid. Indica 5(53) Rhopalocera: 118.
　Type species: *Parnassius charltonius* Gray, [1853]
Koramius Moore, [1902]; Lepid. Indica 5(53) Rhopalocera: 120.
　Type species: *Doritis delphius* Eversmann, 1843
Lingamius Bryk, 1935; Das Tierreich 65, Parnasiidae pars II, p.538-540.
　Type species: *Parnassius hardwickii* Gray, 1831
Eukoramius Bryk, 1935; Das Tierreich 65, Parnasiidae pars II, p.673-675.
　Type species: *Parnassius imperator* Oberthür, 1883
Driopa Korshunov, 1988; Таксономия животных Сибири. p. 65-80.
　Type species: *Papilio mnemosyne* Linnaeus, 1758
Subgenus *Erythrodriopa* Korshunov, 1988; Таксономия животных Сибири. p.65-80.
　Type species: *Parnassius ariadne* Kindermann in Lederer, 1853

2. ウスバキチョウ

Parnassius eversmanni [Ménétriès]; [1850], In: Siemaschko, Russkaya fauna, part 17 Lep.: tab.4, fig.5(♂).
Parnassius vosnessenskii [Ménétriès]; [1850], In: Siemaschko, Russkaya fauna, part 17 Lep.: tab.4, fig.6(♀).
Parnassius eversmanni Ménétriès; 1855, *Enum. Corp.*

Animalium Mus. Imp. Acad. Sci. Petropolitani, Class Insect., Lepid., part I. Lepidoptera: 73-74, pl.1, fig.2 (♂).

Parnassius wosnesenskii Ménétriés; 1855, *Enum. Corp. Animalium Mus. Imp. Acad. Sci. Petropolitani, Class Insect., Lepid.*, part I. Lepidoptera: 74-75, pl.1, fig.3 (♀).

Parnassius felderi Bremer; 1861, *Bull. Acad. Imp. Sci. St. Pétersb.* 3: 464.

Parnassius eversmanni Ménétriés; C. Oberthür, 1879, *Étud. Ent.* 4: 20.

Parnassius eversmanni Ménétriés; Elwes, 1886, *Proc. zool. Soc. Lond.* 1886(1): 48.

Parnassius eversmanni Ménétriés; Austaut, 1889, Les Parnassiens faune paléarc., p.133-136, pl.20, fig.2 (♂).

Parnassius wosnesenskii Eversmann [!]; Austaut, 1889, Les Parnassiens faune paléarc., p.137-143, pl. 20, fig.3(♀).

Parnassius felderi Bremer; Austaut, 1889, Les Parnassiens faune paléarc., p.143-147, pl.19, fig.2(♂).

Parnassius eversmanni Ménétriés; O.Staudinger, 1892, In: Romanoff, *Mém. Lép.* 6: 157.

Parnassius eversmanni Ménétriés; F.Rühl & A.Heyne, 1893-1895, Palaeark. Gross-Schmett. 1, p.113.

Parnassius eversmanni Menetries; O. Staudinger & Rebel, 1901, Cat. Lep. Palaearct.Faunengeb. (ed.3) vol.1, p.8.

Parnassius felderi Bremer; H. Stichel, 1907, In: Seitz, Die Gross-Schmett. Erde, vol.1, p.21, pl.11 a (♂,♀).

Parnassius eversmanni Ménétriés (♀ = *wosnesenskii* Mén.); H. Stichel, 1907, In: Seitz, Die Gross-Schmett. Erde, vol.1, p.21, pl.10 g(♂,♀).

Parnassius eversmanni Ménétriés; Verity, 1907, Rhop. Palaearct., p.93, pl.22, fig.6(♂), 8(♀).

Parnassius eversmanni var. *felderi* Bremer; Alphéraky, 1910, *Rev. Russe Ent.* 9: 361.

Parnassius eversmanni Ménétriés; Otto Bang-Haas, 1927, Horae Macrolepid. regionis Palaearc. vol. 1, p. 6-8. tab.1, fig.4(♂).

Doritites eversmanni (Ménétriés); Sokolov, 1929, *Rev. Russe Ent.* 23: 61, 62, 70, tab.1, fig.1, 6, 11(♂).

Parnassius eversmanni Ménétriés; Bryk & Eisner, 1932, *Parnassiana* 2: 92.

Parnassius mnemosyne eversmanni Ménétriés; M. Hering, 1933, *Mitt. zool. Mus. Berlin* 18: 289-312.

Parnassius eversmanni Ménétriés; Bryk, 1935, Das Tierreich 65, Parnasiidae pars II, p.133-146.

Parnassius eversmanni Ménétriés; Eisner, 1966, *Zool. Verh., Leiden* (81): 158-159, fig.5(♀).

Parnassius felderi f. *innae*; Eisner, 1966, *Zool. Verh., Leiden* (81): 159-160, pl.13, fig.6(♂), 7-8(♀).

Parnassius (*Doritis*) *eversmanni* Ménétriés; Hiura, 1969, Butt. from Japanese Is. in Osaka Mus. (Nat. Hist.) vol.1, p.7, pl.1.

Parnassius (*Tadumia*) *eversmanni* Ménétriés; Kawazoé & Wakabayashi, 1976, Colored illustrations of the butterflies of Japan, p.5, pl.2, fig.1(♂,♀)

Parnassius eversmanni Ménétriés; Igarashi, 1979, Papilionidae and their early stages, p.50-51, pl.11, 14

Driopa (*eversmanni*) *eversmanni* (Ménétriès in Siemaschko); Korshunov & Gorbunov, 1995, The Butterflies of Asian Russia, p.52. (in Russian)

Driopa (*eversmanni*) *litoreus* (Stichel, in Wytsman, 1907); Korshunov & Gorbunov, 1995, The Butterflies of Asian Russia, p.52. (in Russian)

Driopa (*eversmanni*) *felderi* (Bremer, 1861); Korshunov & Gorbunov, 1995, The Butterflies of Asian Russia, p.52. (in Russian)

Parnassius eversmanni [Ménétriés] in Siemaschko; Tuzov *et al.*, 1997, Guide to the Butterflies of Russia and adjacent territories, p.137, pl.8(♂,♀).

Parnassius felderi Bremer; Tuzov *et al.*, 1997, Guide to the Butterflies of Russia and adjacent territories, p. 138, pl.8(♂,♀).

Parnassius eversmanni Ménétriés; Fujioka, 1997, Japanese Butterflies and their Relatives in the World I. p.149-157, pl.15(♂, ♀).

ウスバキチョウ亜種の学名

1. 原名亜種群

Ssp. *eversmanni* [Ménétriès] in Siemaschko, [1850]

Parnassius eversmanni [Ménétriès] in Siemaschko, [1850]
Russkaya fauna part 17, Lep.: tab.4, fig.5.
Type locality: Kansk (nec East-Sayan Mts.), Krasnoyarsk territory, Russia.

　原名亜種の基産地とされるカンスクは低標高地なので，本種は棲息しない。実際の産地は東サヤン山脈一角の高山帯と考えられる。

Ssp. *altaicus* Verity, 1911

Parnassius eversmanni race *altaica* (sic) Verity, 1911
Rhopalocera Palaearctica, p.319, pl.64, fig.19(♂).
Type locality: Tschuja Mts., Gornyi Altai Republic, Russia.
(＝*Parnassius eversmanni lacinia* Hemming, 1934)
Stylops 3: 198.［synonym］

　ヘミング (Hemming, 1934) は亜種名の *altaica* が，*P. intermidia altaica* に先有されているとして，置換名の *lacinia* を命名した。しかし岩本・猪又 (1988) によると，*P. intermedia altaica* は，*P. phoebus* var. *intermedia* f. *altaica* Ménétriès, 1859 として記載された不適格名なので異物同名関係は成立せず，置換名は必要ないという。したがって *lacinia* は *altaica* の同物異名になる。また，属名 *Parnassius* は男性名詞なので，*altaica* の語尾を女性形の *-a* から男性形の *-us* と変える。

　チコロベッツ (Tshikolovets, 1993 b) によれば，キエフ大学の動物学博物館に所蔵されているのは総模式標本の1♂である。標本にはシェルジュツコ Sheljuzhko の手書きで《*altaica* Verity/semicaeca Shelj./ (Co-type)/ Altai 6-8000'/Tchuja Mts Elwes, 15. VII. 98 [1898]》と書かれ，余白に《e coll. Deckert/Coll. L. Sheljuzhko》と印刷されている。赤い紙に《Cotypus》と印刷され，シェルジュツコの手書きで《L. Sheljuzhko "Zeitschr. Wiss. Insectenbiol."/X, 2, f.6 (1914)》，余白に《figurat》と印刷されている。エルウェスの手書きで《SE Altai, Tchuja Mts/6-8000 ft 15.7.98 [1898]. H.J. Elwes》と記されている。

　このほかに，ロンドンの自然史博物館にも 4♂♂ の総模式標本がある。アッケリィー (Ackery, 1973) によれば 《S.E. Altai, Tschuja Mts.6-8000 ft. H.J. Elwes.》と書かれ，データは《1♂：13.7.98 [1898], 1♂：14.7.98 [1898], 2♂♂：15.7.98 [1898]》である。

　これらの総模式標本は，イギリスの植物学者で，蝶のコレクターだった富豪のエルウェス Henry John Elwes (1846-1922) の収蔵品であった。

　基産地はアルタイ山脈中のチュヤ山脈 Tchuja (標高 1800-2400 m) である。亜種名は"アルタイの"という意味を表わす。

Ssp. *septentrionalis* Verity, 1911

Parnassius eversmanni race *septentrionalis* Verity, 1911
Rhopalocera Palaearctica, p.319, pl.64, fig.17(♂), 18(♀).
Type locality: Vilui Riv., Vitim Riv., Republic of Sakha, Russia.
(＝ssp. *lautus* Ohya, 1988)
Parnassius eversmanni lautus Ohya, 1988
Gekkan-Mushi (205): 26-27.［synonym nov.］
Type locality: Suntar Chayata Ridge, Verchoyansk Mts., Republic of Sakha, Russia.

　チコロベッツ (Tshikolovets, 1993 b) によると，キエフ大学の動物学博物館に所蔵されているのは，総模式標本の 5♂♂ 2♀♀ である。それらには次のようなラベルが付されている。

　1♂：シェルジュツコの手書きで《*septentrionalis*,/ Verity ♂/Vilui 1893/e Coll. in C. Obth》と書かれ，余白に《e coll. Deckert/Coll. L. Sheljuzhko》と印刷されている。

　1♂：シェルジュツコの手書きで《*septentrionalis*,/ Verity ♂/Vilui/VI. 88 [1888]/O. Herz》と書かれ，余白に《e coll. Deckert/Coll. L. Sheljuzhko》と印刷されている。

　1♂：シェルジュツコの手書きで《*septentrionalis*,/ Verity ♂/subdiaphana, Verity/O. Herz leg./e Coll. J. Kricheldorf》と書かれ，余白に《coll. L. Sheljuzhko》と印刷されている。

　1♂：シェルジュツコの手書きで《*septentrionalis*,/ Verity ♂ / semicaeca Shelj./ Vitim 15 {XV} VI.88 [1888]/O. Herz》と書かれ，余白に《e coll. Deckert/ Coll. L. Sheljuzhko》と印刷されている。

　1♂：シェルジュツコの手書きで《*septentrionalis*,/ Verity ♂/semicaeca, Shelj./(typ.)/Vilui/23. VI./Gr. Gr.[Grum-Grshimailo]》と書かれ，その余白には《e coll. Deckert/Coll. L. Sheljuzhko》と印刷されている。さらに，シェルジュツコの手書きで《descript. L. Shelj-uzhko/"Zeitschr. f. Wiss. Insektenbiol."/X.6.(1914)》と記され，赤い紙に《Typus》と印刷されている。

1♀：シェルジュツコの手書きで《septentrionalis,/Verity ♀/Vilui VII./Gr. Gr.[Grum Grshimailo]》と書かれ，余白に《e coll. Deckert/Coll. L. Sheljuzhko》と印刷されている。

1♀：シェルジュツコの手書きで《septentrionalis,/Verity ♀/fr.Lena/98[1898]/Gr. Gr.[Grum-Grshimailo]》と書かれ，余白には《e coll. Deckert/Coll. L. Sheljuzhko》と印刷されている。さらにシェルジュツコの手書きで《figurat. L. Sheljuzhko/Zeitschr. f. Wiss. Insektenbiologie X, 1, f.2(1914)》と記されている。

このことから模式標本系列の標本はロシアの探検家グルム-グルシマイロ G.J. Grum-Grshimailo(1860-1936)が1898年ごろに採集した1♂2♀♀や，ヘルツ O.F. Herz(1852-1905)が1888年6月15日にヴィチム川で採集した1♂，同年6月にヴィリュイ川で採集した2♂♂などが含まれる。

このほかにロンドンの自然史博物館にも4♂♂1♀の総模式標本がある。アッケリィー(Ackery, 1973)によれば，2♂♂のラベルに《Witim, Sib. sept./Elwes Coll.》と書かれ，1♂に《Wilui./Godeibt. 19.6.88[1888]/Elwes Coll.》，1♂に《Witim./Godeibt. 15.6.88[1888]/Elwes Coll.》，1♀に《Wilui./Coll. Gr. Gr.[Grum-Grshimailo]/Elwes Coll.》と記されており，これらの総模式標本は，前述したイギリスの植物学者エルウェスのコレクションだったようである。

基産地は，中央シベリアにあるレナ川 Lena 支流のヴィリュイ川 Vilui(Vilyui, Wilui)およびさらに上流の支流ヴィチム川 Vitim(Witim)である。亜種名は"北方の"という意味を表わす。

Ssp. lautus は，サハ共和国(旧ヤクーツク自治共和国)ヤクーツクの北北東，レナ川支流のベルホヤンスク山脈のスンタール・ハヤタ山脈 Suntar Chayata (Suntar Khayata)を基産地として，大屋(1988)が新亜種として記載したものである。亜種名は"上品な"という意味を表わす。

レナ川上流の支流，アルダン川の上流にあるトンモト Tommot で得られている個体は，ssp. septentrionalis とされており，本亜種によく似ている。両者の変異が重なるので，結局のところ同一亜種になると思われる。

なお，高橋ほか(Takahashi & Kaymuk, 1997)ではスンタール・ハヤタ山脈産のものを ssp. wosnesenskii (nec vosnessenskii)としている。

Ssp. *vosnessenskii* [Ménétiès] in Siemaschko, [1850]

Parnassius vosnessenskii [Ménétiès, 1850]
In: Siemaschko, Russkaya fauna part 17, Lep.: tab.4, fig.6.
Type locality: Okhotsk(Uchr River, tributary of Aldan River), Magadan Region, Russia.
(= *Parnassius wosnesenskii* Ménétiès, 1855)
Enum. Corp. Animalium Mus. Imp. Acad. Sci. Petropolitani, Class Insect., Lepid., part I. Lepidoptera: 74-75, pl.1.[synonym]
(= *Parnassius eversmanni magadanus* D.Weiss, 1971)
J. Res. Lep. 9(4): 215-216.[synonym]
Type locality: Kegali Rev. (alt. 1000 m), Kolimskii Mts., Magadan Region, Russia.
(= *Parnassius eversmanni polarius* Schulte, 1991)
Nachar. ent. Ver. Apollo. 12(2): 101.[synonym]
Type locality: Providenia, Pewek, Bilibino, Chukot Autonomous Oblast, Russia.

チコロベッツ(Tshikolovets, 1993 a)によると，サンクトペテルブルグのロシア科学アカデミー動物学研究所(動物学博物館)に所蔵されているものは，完模式標本の1♀である。

メネトリエスかヴォスネッセンスキーVosnessensky の手書きで，黒枠中に《Vosnesenskii/Nob/Okhotsk》および《f. Woznesenskii/Mén》と書かれ，赤いラベルには《Ochotsk》と記され，ヴォスネッセンスキーの手書きで《оть Др.[октора] Залберга/изъ Охотска》と書かれている。ネクルテンコの手書きにより，赤ラベルに《*vosnesenskii*/[Ménétriés]1850/Holotypus ♀/design. sec. par Nekrutenko/8-IV-83[1983]》と記され，余白に《Y. Nekrutenko det./1983》と印刷されている紙に，《*eversmanni*/[Mén.], 1850/an ssp.?》と手書きされている。

採集されたのはオホーツク海岸ぞいのオホーツクの町そのものではなく，内陸部でアルダン川 Aldan 支流のウチュル川 Uchur の岸辺とされている(Tuzov et al., 1997)。その位置は，オホーツクよりはるかに南西側で，チュミカンの北部である。♀だったのではじめはウスバキチョウとは別種と考えられていたが，後に同種とわかりその亜種となった。

亜種名は"ヴォスネッセンスキーの"という意味である。この人物の綴りは Vosnessensky と記されているが，

Woznesensky や Wosnesensky などと書かれているものもある。ブリーク (Bryk, 1935) のように，亜種名として *wosnesenskii* を用いる場合もあるが，最初に提出された学名の綴りは *vosnessenskii* なので，無効になる。

さらにコリマ山脈のケガリ川ぞい (標高 1000 m) で得られた11♂♂1♀を基に，チェコのD. ワイス (Weiss, 1971) により ssp. *magadanus* (原記載では ssp. *magadana*) が記載されている。アラスカのユーコン川流域が基産地である ssp. *thor* と比較しているだけで，本亜種に含められる。

また，ベーリング海峡に近いチュコト自治管区のチュコト半島の先端にあるプロヴィデニヤ Providenia，東シベリア海沿岸のペヴェク Pewek，コリマ川下流域のビリビノ Bilibino などで得られた個体を基に，ドイツのシュルテ (Schulte, 1991) により，ssp. *polarius* が記載されている。かつては，ssp. *thor* とされていたこともある。北極圏の寒冷地に棲息する個体群は非常に小型で，確かにアラスカ産とよく似るものもあるが，基本的には ssp. *vosnessenskii* と同じグループに含められると考えられる。

2. 極東亜種群

Ssp. *felderi* Bremer, 1861

Parnassius felderi Bremer, 1861
Bull. Acad. Imp. Sci. St. Pêtersb. 3: 464.
Type locality: Raddeevka (Radde), Jewish Autonomous Oblast, Russia.
(=*Parnassius eversmanni innae* Bryk & Eisner, 1934)
Parnassiana 3: 15. [synonym]
Type locality: Polovina, Burjea Mts., Amur Region, Russia.
(=*Parnassius eversmanni* (*felderi*) *rubeni* Eisner, 1971
Zool. Mede. Leiden 45(6): 87-88. [synonym]
Type locality: Kleine Chingan Mts., Autonomous Jewish Oblast, Russia.

模式標本の基産地はラデエフカ Raddeevka (ラッデ Радде；Radde) で，アムール川中流ぞいの左岸に位置する。この地名はアムール川流域を探検したラッデ Gustav Ivanovich Radde (1831-1903) に由来するらしい。

Ssp. *felderi* は sp. *eversmanni* とは別種だとする見解もあるが，コムソモリスク・ナ・アムーレ近郊のゴルヌィ Gornyi 付近では♂に黄色型と白色型が混じり，クリーム色の中間型も見られるので，同じ種類だと考えられる (渡辺，1998)。

チコロベッツ (Tshikolovets, 1993 a) によると，サンクトペテルブルグのロシア科学アカデミー動物学研究所 (動物学博物館) に所蔵されている模式標本は，総模式標本 2♀♀で，1♀には手書きで《e Coll./Acad.》および，《Ching. 19-31/May. 58 [1858]》と書かれ，クロイツベルグ Kreuzberg の手書きで，オレンジ色のラベルに《*felderi* Bremer, 1864/Lectotypus (icon:/fig.5, nec 4) ♀/Kreuzberg design./13.10.1992》と記されている。これが後模式標本とみなされる。

別の 1 ♀には手書きで《Ende Ching./Juli, 5-8》と記され，《Coll. Acad. Petrop.》と印刷されている。

Ching は "清 (清国)" つまり，現在の中国のことである。Ende Ching は "清国の端" という意味になるだろう。1858 年に締結された愛琿条約までは，黒龍江 (アムール川) の左岸地域一帯は清国 (中国) 領であった。

この 2 頭の標本はラッデのアムール探検 (1855-1860) の際，1858 年 5-7 月に得られたと思われる。

亜種名は "フェルダーの" という意味を表わす。オーストリアのフェルダー親子の父 Cajetan von Felder (1814-1894) と子 Rudolf Felder (1842-1871) に献名されたものである。父親はウィーン市長で蝶蛾のコレクターであったが，公務で多忙だったので，実際の研究は若くして亡くなった子のルドルフが行なったといわれる。

2 人の連名で日本産ゴマダラチョウ *Hestina japonica* や，クロセセリ *Notocrypta curvifascia* などを記載している。

ブレーマー Otto Vasilievich Bremer (?-1873) はラッデ G. Radde，マーク R. Maack，ウルフィウス P. Wulfius らのアムール地域における鱗翅目の採集品を調べ，ペテルブルグのロシア科学アカデミーの「*Mêm. Acad. Imp. Sci. St. Pêtersb.* 8(7): 1-104, 8 pls., 1864」において，「Lepidopteren Ost-Sibiriens, insbesondere des Amur-Landes gesammelt von Herren G. Radde, R. Maack und P. Wulfius (ラッデ，マーク，ウルフィウスらによって採集された東シベリア，アムール地方の鱗翅目)」を発表し，このなかにも本亜種の記述がある。

コッツビュー (Kotshubej, 1929) は，ブレア山脈のクルデュル Kuldur 産の個体を基に，ssp. *felderi* の型として f. *innae* を記載したが，亜種より下位の分類群の命名になるので，国際動物命名規約上は無効である。

チコロベッツ (Tshikolovets, 1993 b) によると，キエフ大学の動物学博物館に所蔵されているのは総模式標本の 35 ♂♂ 4 ♀♀ である。その 1 ♂には次のようなラベルがついている。

コッツビューの手書きで《Prov. Amur Bureja-mts./

Kuldur(prope/Stat Birakan)/24.VI.1928/G. Kotshubej leg.》，黒インクで《coll. G. Kotshubej》と印刷されている。以下略……。

ブリーク(Bryk, 1934)の記述における ssp. innae が生きるが，斑紋は felderi と大きな違いが見られず，産地もごく近接しているので同物異名であろう。

また，ロシア・ユダヤ自治州の小興安嶺 Kleine Chingan から，P. eversmanni (felderi) rubeni が記載されている。本来の小興安嶺は中国の黒龍江省になり，伊春市から本亜種が記録されている。むしろ，rubeni の産地はブレア山脈 Bureya の一角である。シンガンスク Khingansk という地名がクルドゥル Kuldur の西にあり，本種が棲息している。この rubeni も，felderi の同物異名であろう。

中華人民共和国では黒龍江省伊春市五営で記録がある(廣川ほか，1995)。さらに佳木斯，鉄力，清河にも分布する(王，1999)。黒龍江(アムール川)を挟んでブレア山脈の南西側にあたり，小興安嶺の一角になる。

このほか，周(1994)には吉林産の標本が図示されているが，詳しい産地は記されていない。現在までのところ，吉林省内では確実な記録が発表されていない。ただし清国の時代において，本亜種の産地は黒龍江省(当時)と吉林省(当時)の両方に含まれる。さらに，記述のなかに分布地として新疆(新疆維吾爾自治区)が挙げられているが，今のところ本種の正確な記録は報告されていない。もし本当にいるならば，ssp. felderi ではなく，原名亜種か ssp. altaicus に近い個体群と推定される。

Ssp. litoreus H.Stichel, 1907
Parnassius eversmanni var. *litoreus* H.Stichel, 1907
In: Wytsmans, *Genera Insectorum* 58: 13.
Type locality: Nikolaevsk (Nikolajevsk, Nikolaevsk-na-Amure), Khabarovsk territory, Russia.

基産地は，アムール川河口近くの左岸(北側)の Николаевск-на-Амуре(Nikoraevsk-na-Amure ニコライエフスク・ナ・アムーレ，Nikoraevsk，Nikoraievsk)である。Bryk(1935)によれば，模式標本はフランス西部レンヌ Rennes のレネ・オーベルチュール René Obertür(1852-1944)コレクションの1♂と記されている。おそらくチャールズ・オーベルチュール Charles Oberthür(1845-1924)から受け継いだものと思われる。

ベルナール＆ヴィエット(Bernardi & Viette, 1966)やブリッジズ(Bridges, 1988)によると，パリの国立自然史博物館 Muséum National d'Histoire Naturelle に所蔵とされており，レネ・オーベルチュールの死後，1952年ごろに博物館へ移管されたのであろう。

本亜種を記載したスティヘル Hans Ferdinand Emil Julius Stichel(1862-1936)は，19世紀終わりから20世紀初めにかけて，ベルリンにおいて昆虫標本を売買していた。ウィッツマン P. Wytsman が編集し，ベルギーのブリュッセルで発行されていた「*Genera Insectorum*」(1902-)においてウスバシロチョウ亜科 Parnassiinae の総説集をだしており，このなかに本亜種の記載がある。また，ザイツ編著(Seitz, 1906-1909)による『Die Gross-Schmetterlinge der Erde I』の解説の項を分担執筆している。

ドイツ・ハンブルクの標本商グレーザー Ludwig Carl Friedrich Graeser(1840-1913)は，アムール川中流のブラゴベシュチェンスク Blagoveshchensk に住んで数多くの鱗翅目の標本を集めドイツへ送った，ディークマン N.V. Dieckmann がもたらした材料を基にして，アムールやウラジオストク地域において200種類近い蝶類を記録している(Graeser, 1888-93)。

おそらくこのころすでに，アムール川下流域において，ウスバキチョウの棲息が確認されていたようである。

私たちは1996年にニコライエフスク・ナ・アムーレを訪れて調査したが，ウスバキチョウはまったく観察できなかった(渡辺，1997)。この地は，モンゴリナラ *Quercus mongolica* の北限に近い地域とされており，アカシジミ *Japonica lutea* が得られた。ヒメウスバシロチョウ *P. stubbendorfii* がおり，食草とされているカラフトオオケマン *Corydalis gigantea* もあった。

ロシア極東地域ではウスバキチョウとヒメウスバシロチョウは混棲することが多く，ウスリースク在住のグルシェンコ Yu.N. Gluschenko 氏によれば，今から十数年前までは，ニコライエフスク・ナ・アムーレの町の北側の裏山(標高200-500 m)に棲息していたらしく，実際に彼は本亜種を採集している。

写真9 ニコライエフスク・ナ・アムーレの棲息環境

分布域はクレンツォフ(Kurentzov, 1970)によれば，アムール川中流域(バンガ山脈・ブレーヤ山脈)からコルィマ川中流域(スタノボイ山脈)までを含めている。明らかに，ssp. *vosnessenskii* の存在を無視しており，ssp. *maui* との境界がどこにあるか問題であろう。

種名に *lithoreus* を使う場合もあるが，学名としては，*litoreus* が正しい。これは，"litoralis(海岸)"に由来すると考えられ，基産地のニコライエフスク・ナ・アムーレがアムール川の河口付近にあり，間宮海峡(タタール海峡)の海岸に近いことによるものであろう。

ちなみに，*lithoreus* の"litho(石)"というのは，リトグラフ litho-graph(石版画)のように，石や岩石を意味する。

Ssp. *maui* Bryk, 1915

Parnassius eversmanni var. *maui* Bryk, 1915
Arch. Naturgesch. 80 A(7): 172.
Type locality: Terney, Tjutich (Tjutiché), Ol'ga (Olga Bay), Ussuri Region, Primorsky territory, Russia.

模式標本の基産地は，ロシア連邦・沿海州 Primorskii Krai の日本海ぞいに点在しており，シホテアリン山脈 Sikhote Alin の東南側である。ちなみに，テルネイ Terney とオリガ Ol'ga は現在の地図上でも簡単に見出だせる。

チュティヒ Tjutich (Tjutiché) という地名は，アルセニエフの『ウスリー探検記』の地図によれば，北緯44-45°・東経135-136°辺りにチュティヘ川というのがあり，その位置から推定すると今のルドゥナヤ川 Rudnaya だと考えられる。運航航空地図(O.N.C)ではダルネゴルスク Dalnegorsk の北西に Tetyukhe の地名が記されている。現在のロシアで発行されている20万分の1の地図上では，そのような地名は見出されない。なお，ダルネゴルスクの一帯は，ウスバキチョウの産地としてよく知られている。

アッケリー(Ackery, 1973)によると，ロンドンの自然史博物館に4♂♂3♀♀の総模式標本があり，ラベルには《Tjutju-ho, 400 km north of Wladiowostok. 1909. W. Mau》と書かれている。Eisner(1974)では，1♀のデータに《Tjutiché, leg. Mau》と記されている。これらのことから，亜種名は"マウの"という意味を表わし，採集者のマウ W. Mau に由来すると考えられる。採集されたのは1909年ごろであろう。

斑紋的に ssp. *litoreus* につながる個体もみられ，両者を同一亜種とみなすこともある(藤岡, 1997)。この場合は ssp. *litoreus* のほうが命名年が古いので，ssp. *maui* は同物異名になる。

Ssp. *gornyiensis* Watanabe, 1998

Parnassius eversmanni gornyiensis Watanabe, 1998
Wallace 4(2): pl.15-16, 1-4.[nom nov.]
(=*Parnassius eversmanni mikamii* Ohya and Fujioka, 1997)[homonym]
大屋厚夫・藤岡知夫, 1997. 日本産蝶類及び世界近縁種大図鑑 I (藤岡知夫編著), 解説編：293；図版編：pl. 15.；Ohya and Fujioka, 1997. Japanese Butterflies and their Relatives in the World I, p.293, pl.15(fig.34, 35).
Type locality: Gornyi (alt. 600-1000 m), Myaochan Mts., Khabarovsk territory, Russia.

大屋・藤岡(1997)によってアムール中流域のコムソモリスク・ナ・アムーレ近郊のゴルヌィ産を基に新亜種として記載されたが，亜種名の *mikamii* は，*P. orleans mikamii* Kawasaki に約4カ月先行して先取命名されているので，異物同名である。このため私が置換名を与えた(渡辺, 1998)。

亜種名は"ゴルヌィの"という意味を表わす。ゴルヌィはロシア語の"山"を意味する。完模式標本のデータによると，採集された場所の標高は1000 m で，副模式標本が採集された標高は600 m である。

この一帯はミャオチャン山脈 Myaochan と呼ばれ，おもな棲息地は，標高570-640 m ぐらいである。ゴルヌィの町の周辺(標高520 m)や低標高地(標高420-440 m)にも棲息する。標高800 m ぐらいまでは，飛来個体が見られる。私は同地を訪れて本亜種を撮影・観察して報告した(渡辺, 1996 b)。Ssp. *felderi* と ssp. *maui* をつなぐ産地で，♂の地色には白色型から黄色型，その中間型まで見られ変異がある。

大屋・藤岡(1997)によると，完模式標本は国立科学博物館に所蔵されていると記されている。

Ssp. *vysokogornyiensis* Watanabe, 1998

Parnassius eversmanni vysokogornyiensis Watanabe, 1998
Wallace 4(2): pl.15-16, 1-4.
Type locality: Vysokogornyi (alt. 610-780 m), Amur Region, Khabarovsk territory, Russia.

基産地はロシア連邦・沿海州のシホテアリン山脈 Sikhote-Alin 北端で，アムール川ぞいのコムソモリスク・ナ・アムーレと，間宮海峡側のソヴィエツカヤ・ガヴァニ間の分水嶺付近に位置するヴィソコゴルヌィ Vysokogornyi 付近である。町の近くにも棲息するが，

実際は2つ手前の駅のクズネツォフスキー駅 Kuznetsovskij から北側に降りた谷間に多い。

Ssp. *maui* と ssp. *litoreus* をつなぐ産地になる。亜種名は"ヴィソコゴルヌィの"を表わす。これは，ロシア語の"高い山"を意味する。

完模式標本は，北九州市立自然史博物館に所蔵されている。

3. アラスカ・カナダ亜種群

Ssp. *thor* H.Edwards, 1881
Parnassius thor H.Edwards, 1881
Papilio 1(1): 4.
Type locality: Yukon River 800 miles from mouth, Alaska, U.S.A.
(=*Parnassius thor* ab. *kohlsaati* Gunder, 1932)
Pan-Pac. Ent. 8: 123.[invalid]
Type locality: Alaska, U.S.A.
(=*Parnassius eversmanni meridionalis* Eisner, 1978)
Zool. Mede. Leiden 53(11): 109.[homonym]
(=*Parnassius eversmanni pinkensis* Gauthier, 1984)
Ent. Zeit. 94(21): 319.[synonym]
Type locality: Pink Mountain (Rocky Mts.), British Columbia, Canada.

第1章の「アラスカとカナダにおける発見」(60ページ)でも記したように，アメリカのヘンリー・エドワーズ Henry Edwards により，1881年，「*Papilio* vol.1, No.1」において，「On two new forms of the genus *Parnassius*」の論文のなかで，新種 *Parnassius thor* として記載された。基産地は，アメリカ合衆国アラスカのユーコン川流域(河口から 800 マイル≒1290 km の地点)である。現在の地図上ではユーコン川中流域のランパート Rampart 付近になる。

亜種名の *thor* は北欧神話の雷神"ソアー Thor"に由来すると思われる。ブリッジズ(Bridges, 1988)によれば，模式標本はニューヨークのアメリカ自然史博物館に所蔵されている。

アイスナー(Eisner, 1978)はカナダのブリティッシュ・コロンビア州のピンク・マウンティン Pink Mt. 産を基に，ssp. *meridionalis* を記載したが，*Parnassius apollo meridionalis* Pagenstecher, 1909 に先取された異物同名になるので，この亜種名を使うことはできない。

ゴーティエ(Gauthier, 1984)はその置換名として ssp. *pinkensis* を提出したが，*thor* と大きな差は認められないので，同物異名であろう。

分布はアラスカ，カナダのユーコン州とブリティッシュ・コロンビア州にかけてのユーコン川流域。アラスカではクスコクウィム川 Kuskokwim 流域，ベーリング海峡側のノーム Nome, 北極海(ビューフォート海)側の，ブルックス山脈 Brooks・ノーススロープ North Slope などにも分布する。カナダでは，ごく一部がマッケンジー川上流にも分布している。

4. 隔離亜種群

Ssp. *sasai* O.Bang-Haas, 1937
Parnassius eversmanni sasai O.Bang-Haas, 1937
Ent. Zeit. Frankfurt 51(4): 35.
Type locality: Yurinrei(Yurinryeong：標高 1300-1900 m), Tyosin(Changjin), Hamgyon Namdo, Democratic People's Republic of Korea(朝鮮民主主義人民共和国咸鏡南道長津郡有麟嶺).
(=*Parnassius everesmani*[!]f. *sasai* Matsumura, 1937)
Insecta Matsumurana 11(4): 132, Pl.V(fig.5:♀).[synonym]

第1章の「朝鮮半島における発見」(64ページ)でも記したように，旧制京城中学に英語・国漢・公民教諭として勤務していた佐々亀雄が 1934 年 8 月 7 日に，蓋馬高台の有麟嶺で最初に 4♂♂1♀を採集した。戦後，『新種発見』(1961)という本を出版し，採集したときの経過を記している。

土居(1935)はこれらの標本を基にウスバキチョウの原名亜種 *eversmanni* として報告した。ところが，土居・佐々(1936)では，ssp. *maui* と訂正している。

ドイツ・ドレスデンの標本商バン-ハース Otto Bang-Haas は有麟嶺産の個体(♂)を基に，新亜種 ssp. *sasai* として記載した。

模式標本は荒川の図示した♂としており，荒川(Arakawa, 1936)の報文などを参考にしたようである。ただしバン-ハースは本亜種の模式標本と称して，cotype のラベルをつけかなりの数の標本を販売したらしく，日本にもいくつかの syntype(cotype)標本が存在する。おそらく，シュタウディンガー&バン-ハース商会 Dr. O. Staudinger & A. Bang-Haas の所蔵標本にも，総模式標本が含まれていたであろう。

松村松年が約2カ月遅れで，まったく同じ学名を使い型として1♂(1935年7月27日，Yurinryo：有麟嶺産)を基に記載したが，バン-ハースにより先取命名されているので同物異名となり無効である。

なお亜種名は"佐々(ささ)の"という意味で，発見者

の佐々亀雄氏に献名されたものであるが，正式な読み方は自身の著書によると"さっさ(Sassa)"である。

Ssp. *nishiyamai* Ohya and Fujioka, 1997

Parnassius eversmanni nishiyamai Ohya and Fujioka, 1997

大屋厚夫・藤岡知夫，1997．日本産蝶類及び世界近縁種大図鑑 I（藤岡知夫編著），解説編：293；図版編：pl. 15.；Ohya and Fujioka, 1997. Japanese Butterflies and their Relatives in the World I, p.293, pl.15(fig.10, 11, 12).

Type locality: Nizhne Ulugichi, Man-gui, Inner Mongolia A.O., People's Republic of China（中華人民共和国内蒙古自治区呼倫貝爾盟満帰県激流河の支流）．

大屋・藤岡(1997)により，中国東北部・大興安嶺産の3♂♂の標本を基に，新亜種として記載された。

第1章の「中国・大興安嶺における発見」(67ページ)でも記したように，今西錦司らによる1942年5月14日から7月16日にかけての北部大興安嶺探検(三河-漠河)の際に1♂が採集された。吉良竜夫によって書かれた報告文からすると，吉良自身がこれを採集したものである(今西，1952)。1942年7月1日(原記載の8月1日は誤り)に，ニジネ・ウルギーチ河の支流ソロニースの谷で得られた。この個体が完模式標本にあたる。基産地は当時において旧満洲国黒河省(現在は中華人民共和国内蒙古自治区呼倫貝爾盟)に含まれる。

原記載によれば，完模式標本は国立科学博物館に所蔵されている。

さらに約50年後，西山保典・河辺誠一郎・詫間裕らがその南西部にあたる満帰(満歸 Man-gui)鎮付近において，1991年7月28日に2♂♂を採集した。採集者は河辺とされている。これらが副模式標本になる。

原記載では採集年が1992年になっているが，1991年の誤りである。また，解説の項における基産地の"満斑"は，"満帰(満歸)"の誤記である。なお，王(1999)は満帰産を原名亜種とし，克一河にも分布すると記している。

亜種名は"西山(にしやま)の"という意味を表わし，再発見者の一人，西山保典氏に献名されたものである。

Ssp. *daisetsuzanus* Matsumura, 1926

Parnassius eversmanni daisetsuzana Matsumura, 1926
Insecta Matsumurana 1(2): 103-104, fig.1
Type locality: Mt. Daisetsu, Hokkaido, Japan（北海道大雪山：烏帽子岳，小泉岳，赤岳，白雲岳）．

第1章の「大雪山における発見」(61ページ)でも記したように，1926年7月16日，北海道帝国大学農学部昆虫学教室の学生，河野廣道により大雪山系の小泉岳，赤岳で3♂♂，7月17日に烏帽子岳，小泉岳，白雲岳でそれぞれ1♂の合計6♂♂，同年8月10日に雲ノ平で1♂が採集された*。さらに，同年8月8日，内田登一により小泉岳で1♀が得られ，これらの標本を基に，同昆虫学教室の松村松年教授により，ssp. *daisetsuzana* として記載された。総模式標本は，7♂♂1♀になる。

亜種名は"大雪山の"という意味である。かつては"だいせつざん"と，濁音で呼ぶのが普通であったが，最近は"たいせつざん"と大の字を濁らず発音することが多い。また，属名 *Parnassius* は男性名詞なので，亜種名の語尾を -a から -us に変える。

総模式標本は，北海道大学大学院農学研究科環境資源学専攻生物生態学体系学講座(旧農業生物学科・昆虫学教室)の標本室に所蔵されている。

原記載に該当する総模式標本は5♂♂1♀あり，このうちの1♂には《Type/Matsumura》と印字された赤ラベルがついている。当時は完模式標本を指定する規約がなく，これを後模式標本とすべきであろう。

---

*松村による原記載の英文のなかでは，河野により7月18日に烏帽子岳，小泉岳，白雲岳(標高1900 mぐらい)において，7♂♂が採集され，8月8日に内田登一により小泉岳で1♀が採集されたと書かれているが，採集者によって書かれた記録(河野，1930)のほうが正しいと考えられる。ここでは，河野の報告に従った。

第 3 章　名称と由来

和　名

1. ウスバキチョウ

Parnassius eversmanni daisetsuzanus
Matsumura, S., 1926. *Insecta Matsumurana* 1(2): 107.

　和名の"ウスバキチョウ"は松村松年が1926(大正15)年，北海道大雪山産をもとに新亜種記載したときに文末の和文摘要の「大雪山の新種及び未記録の蝶に就て」のなかで"ウスバキテフ"と記したのが最初である。同時に"ダイセツタカネヒカゲ"(新種)，"アサヒヘウモン(アサヒヒョウモン)"(新種)の和名も初めて載った。

　これは，"薄羽黄蝶"の意味を表わす。以後，今日まで一般に広く用いられている。翅の鱗粉が少なく半透明なため，"薄い羽の，黄色い蝶"の意味で名づけられたようである。

　なお，近似種のウスバシロチョウは，宮島幹之助の「日本産蝶類図説」(1899)において"ウスバシロテフ"とされたのが最初であろう。これは「動物学雑誌・第11-12巻」(1899-1900)に連載された。後に成美堂出版から『日本蝶類図説』として新たに版を変え，1冊の本にまとめられて，1904年にその初版がでている。

2. チョウセンウスバキチョウ

Parnassius eversmanni sasai
土居寛暢・佐々亀雄，1936．科学館報・京城 (52)：1.

　朝鮮半島北部の蓋馬高台・有麟嶺に棲息するウスバキチョウに，"テウセンウスバキテフ(朝鮮薄羽黄蝶)"の名称をつけた。

3. キイロウスバアゲハ

Parnassius eversmanni
白水　隆，1975．学研中高生図鑑　昆虫I　チョウ，p. 210．学習研究社，東京．

図鑑のなかで，ウスバキチョウがアゲハチョウ科の一種であるとして，"キイロウスバアゲハ"の名称を新たに提唱した。"黄色薄羽揚羽"の意味を表わす。揚羽(アゲハ)はアゲハチョウ科 Papilionidae を示す。

4. ウスバキアゲハ

Parnassius eversmanni
小出雄一，1975．世界のパルナシウス，p.62．ニュー・サイエンス社，東京．
小野　決，1979．ウスバキアゲハについて．昆虫と自然 14(9)：9-14．

　"薄羽黄揚羽"の意味を表わす。キイロウスバアゲハに対抗して提案されたが，小野(1979)以外，あまり使われていない。

ロシア名

1. Аполлон Эверсманна (Apollon Eversmanna)

Parnassius eversmanni
Куренцв, А.И. [Kurentzov, A.I., 1970. The Butterflies of the far east U.S.S.R., p.15. Nauka, Leningrad.]
Driopa (*eversmanni*) *eversmanni*
Коршунов, Ю. & П. Горбунов, 1995. [Korshunov, Yu. & P. Gorbunov, 1995. The Butterflies of Asian Russia, p.52. Ekaterinburg.]

"エヴァースマンのアポロ(アポロン)"という意味。エヴァースマン Eversmann は帝政ロシアの医者で，昆虫学者。詳しくは第1章(58ページ)参照。

アポロはギリシャ神話のアポロン Apollon やローマ神話の Apollo に由来する。ゼウスとレトの子。医術，音楽，弓術，予言の神。後に太陽神と同じものとみなされた。アポロウスバ *Parnassius apollo* はウスバシロチョウ属 *Parnassius* の模式種で，この仲間の代表的な種である。つまり，ウスバシロチョウ属 *Parnassius* 全体を指す。

2. Аполлон Прибрежный (Apollon Pribrezhnyi)

Driopa (*eversmanni*) *litoreus*
Коршунов, Ю. & П. Горбунов, 1995. [Korshunov, Yu. & P. Gorbunov, 1995. The Butterflies of Asian Russia, p.52. Ekaterinburg.]

"沿海のアポロ(アポロン)"または"海岸のアポロ(アポロン)"という意味を表わす。基産地はアムール川河口近くのニコライエフスク・ナ・アムーレである。学名の種名は"海岸の"を意味しており，これに由来するようである。

このコルシュノフらの本(Korshunov & Gorbunov, 1995)では *Parnassius eversmanni* とは別種とされているが，最近のロシアの図鑑では，下記の *P. felderi* に本種を含めている。

3. Аполлон Фельдера (Apollon Feldera)

Driopa (*eversmanni*) *felderi*
Коршунов, Ю. & П. Горбунов, 1995. [Korshunov, Yu. & P. Gorbunov, 1995. The Butterflies of Asian Russia, p.52. Ekaterinburg.]

"フェルダーのアポロ(アポロン)"という意味を表わす。この場合も，*Parnassius eversmanni* とは別種として扱っている。第2章で述べたように(75ページ)，フェルダーはオーストリアの蝶研究家の親子である。父はウィーン市長で，実際の研究は息子が行ない，二人の連名で論文を発表している。命名者のブレーマーがこの二人に献名したもの。

| 英　名 | 韓　国　名 |

1. Yellow Apollo

Parnassius eversmanni
Scott, J.A., 1986. The Butterflies of North America. p.190. Stanford Univ. Press, Stanford.

　黄色のアポロ。翅の黄色の色彩に由来する。英語の名称は簡単なものが多い。ヨーロッパとアメリカ合衆国では英語の名称が異なることが多いようである。ウスバキチョウはヨーロッパには分布していないので，とくにヨーロッパでの英名はない。

2. Eversmann's Parnassian

Parnassius eversmanni
Pyle, R.M., 1981. The Audubon Society Field Guide to North American Butterflies, p.322. Knopf, New York.

　エヴァースマンのパルナシウス。学名の意味の通りである。エヴァースマンに献名されたウスバシロチョウ属 *Parnassius* を表わす。

3. Golden Parnassian

Parnassius eversmanni
磐瀬太郎，1950．日本の蝶の名の英訳．宝塚昆虫館報 (66)：1-15．

　黄金色のパルナシウス。試案として日本の蝶に英語の名称をつけたもの。現在は，あまり使われていない。

황모시나비 (Howang-mo-si-nabi：黄苧布蝶)

Parnassius eversmanni
Seok Dju-myong, 1947. A list of Butterflies of Korea. *Bull. Zool. Nat. Sci. Mus.* 2(1): 1-16.
李　承模，1982．韓国蝶誌，p.3．INSECTA KOREANA 編輯委員会，ソウル．
松田真平，1999．朝鮮半島産蝶類(含む北朝鮮産)の韓国名について．やどりが (182)：12-24．

　日本による支配時代は韓国語(ハングル)が禁止されており，蝶の韓国名が正式につけられたのは第二次大戦後の1947年である。当時，ソウルの国立科学博物館に勤めていた，石　宙明(1908-1950)が韓国産蝶類について，韓国名の一覧を作成している。これらのなかには，彼自身の提唱によるものが少なくないと思われる。最近，松田(1999)により，その意味が詳細に調べられている。

　韓国では，ウスバキチョウの近似種であるヒメウスバシロチョウ *Parnassius stubbendorfii* を"モシナビ(苧布蝶)"と呼び，それに翅の色のホヮン(黄)をつけたもの。モシは"苧布"の意味で，これは植物のカラムシ(クサマオ；変種はラミーと呼ばれ，マレー語の ramie に由来する)で織った布を表わす。イラクサ科の多年生草本で，学名は *Boehmeria nivea*。カラムシの"ムシ"はモシ(苧)に由来するともいわれる。かつて茎の皮などから繊維をとり，糸状にして布を織った。おそらく，その麻に似る透けた薄い布から連想して，名づけたと思われる。漢語の"絹蝶"に対抗するものかもしれない。両国の文化の違いを感じさせられる。

中国名(中名)

艾雯絹蝶(Ai-wen-juan-die)

Parnassius eversmanni
周 尭 主編, 1994. 中国蝶類志(上), p.200. 河南科学技術出版社, 鄭州.

 艾はヨモギ, 雯は模様のある雲の意味を表わすが, おそらく種名に献名されたEversmannを中国式に短縮して表記したものと思われる。艾という字は, 艾美(エミー)や艾慈(エイズ)などの外来語を表わすのによく使われている。絹蝶とは, ウスバシロチョウ属 *Parnassius* の仲間のこと。絹のような薄い翅を連想しての命名であろう。なお, 周(1994)では絹蝶科 Parnassiidae として, アゲハチョウ科から独立させている。

 ヒメウスバシロチョウ *P. stubbendorfii* の中国名は, "白絹蝶"である。また, 李・朱(1992)の『中国蝶類図譜』では"灰毛絹蝶"になっており, ウスバキチョウは掲載されていない。

 "絹蝶"がいつごろから名づけられたのかは, よくわからない。中国における名称いわゆる中名は, なかなか提唱されなかったり, ばらばらに名づけられたようである。周(1947)により, その統一が提唱されている。戦前の報文では, 例えばWu Cheng-fu(胡経甫)による『中国昆虫総目録』(1938)や, 周・路(1946)による『中國之昆蟲』のように, 種の学名のみで中国名が記されていないものが多い。

第 4 章 系統分類

ウスバキチョウの大雪山亜種を例にとると，動物分類学上の位置は次のように表わされる。

界 Kingdom：動物界 Animalia
　亜界 Subkingdom：真正後生動物亜界 Eumetazoa
　　上門 Superphylum：体節動物上門 Articulata
　　　門 Phylum：節足動物門 Arthropoda
　　　　亜門 Subphylum：大顎亜門 Mandibulata
　　　　　上綱 Superclass：六脚上綱 Hexapoda
　　　　　　綱 Class：昆虫綱 Insecta
　　　　　　　亜綱 Subclass：外顎亜綱 Ectognatha
　　　　　　　　上節 Superdivision：有翅上節 Pterygota
　　　　　　　　　節 Division：新翅節 Neoptera
　　　　　　　　　　上目 Superorder：完全変態上目 Holometabola
　　　　　　　　　　　目 Order：鱗翅目 Lepidoptera
　　　　　　　　　　　　亜目 Suborder：二門亜目 Ditrysia
上科 Superfamily：アゲハチョウ上科 Papilionoidea
科 Family：アゲハチョウ科 Papilionidae
亜科 Subfamily：ウスバシロチョウ亜科 Parnassiinae
族 Tribe：ウスバシロチョウ族 Parnassiini
属 Genus：ウスバシロチョウ属 *Parnassius*
亜属 Subgenus：アッコウスバ亜属 *Tadumia*
種 Species：ウスバキチョウ *eversmanni*
亜種 Subspecies：大雪山亜種 *daisetsuzanus*

アゲハチョウ科の分類学的位置づけ

カナダのマンロー(Munroe, 1961)はアゲハチョウ科 Papilionidae の系統分類について，成虫の形態や幼虫の食性，地理的分布などから再検討を行なった。これが現在でもアゲハチョウ科の系統分類の基本となっている。

マンロー以降，ハンコック(Hancock, 1983)やミラー(Miller, 1987)らが，アゲハチョウ科の系統関係について詳しい報告をしている。

アゲハチョウ科は化石を含めると，図16のように4亜科に分けられる。

メキシコアゲハ亜科 Baroniinae は，メキシコ南部に分布し，アゲハチョウ科としては比較的小型のメキシコアゲハ *Baronia brevicornis* ただ1種からなる。幼虫はマメ科アカシア属 *Acacia* の *A. cochliacantha*(*A. cymbispina* と記されている文献もある)を食樹にしており，現生種では最も原始的なアゲハチョウ科とされている。幼虫は巣をつくり，蛹化は地中で行なう。

ムカシアゲハ亜科 Praepapilioninae は，化石種である *Praepapilio colorado* と *P. gracilis* の翅脈などの比較検討により設けられた亜科で，アゲハチョウ科の祖先的な種類，あるいはメキシコアゲハ亜科とほかのアゲハチョウ類をつなぐ，中間的な位置を占めるとされている。この2種類はアメリカ合衆国コロラド州グリーン川の始新世中期(約4800万年前)の頁岩層から発見された。原著に化石図と復元想像図が示されている。それによると，両種とも後翅の第4脈(M_3)の先がわずかに膨らみ，尾状突起のようなものが形成されている(Durden & Rose, 1978)。

ウスバシロチョウ亜科 Parnassiinae はタイスアゲハ

```
                  ┌─ メキシコアゲハ亜科
                  ├─ ムカシアゲハ亜科(化石)
アゲハチョウ科 ───┤
                  ├─ ウスバシロチョウ亜科
                  └─ アゲハチョウ亜科
```

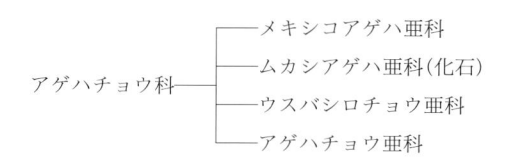

図16　アゲハチョウ科の分類(Hancock, 1983)

```
                    ┌── イランアゲハ属
                    │    Hypermnestra
        ┌ウスバシロチョウ族┼── シリアアゲハ属
        │           │    Archon
        │           └── ウスバシロチョウ属
ウスバ    │                Parnassius
シロチョウ亜科┤           ┌── タイスアゲハ属
        │           │    Zerynthia
        │           ├── シロタイスアゲハ属
        │           │    Allancastria
        └タイスアゲハ族┤── シボリアゲハ属
                    │    Bhutanitis
                    ├── ホソオチョウ属
                    │    Sericinus
                    └── ギフチョウ属
                        Luehdorfia
```

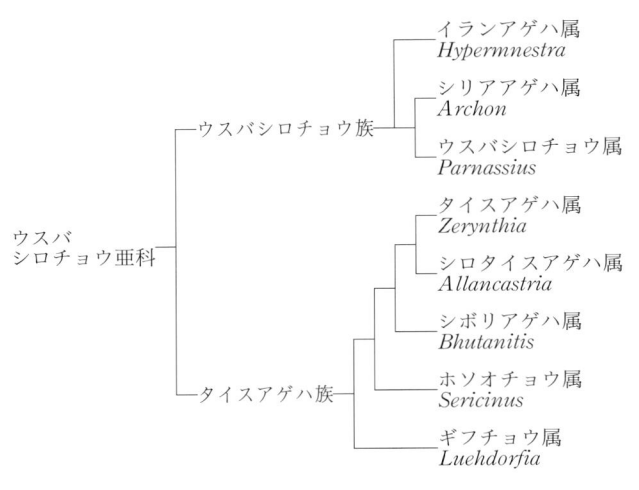

図17　現生ウスバシロチョウ亜科の分類

```
              ┌---- カセキシリアアゲハ属？
              │┌── イランアゲハ属
ウスバシロチョウ族┤
              │├── シリアアゲハ属
              └┤
               └── ウスバシロチョウ属
```

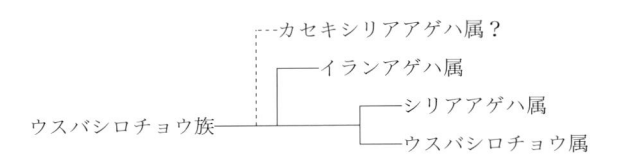

図18　ウスバシロチョウ族の分類。Bryk(1915)はカセキシリアアゲハ属をタイスアゲハ族に含めているが，ここでは斑紋パターンから判断してウスバシロチョウ族とした。

族 Zerynthiini やウスバシロチョウ族 Parnassiini を含むあわせて 8 属の現生種と，2 属の化石種からなる。化石属はカセキタイスアゲハ属 Thaites と，カセキシリアアゲハ属 Doritites である。カセキタイスアゲハ T. ruminiana はフランス南部エクス・サン・プロバンス Aix-en-Provence の漸新世の終わりから中新世の初めの地層（約 2400 万年前）より発見された。地層の年代については，漸新世の前期と書かれている文献もある。スカダー（Scudder, 1875）により図示され，翅脈とわずかに残る斑紋の類似性から，タイスアゲハ属 Zerynthia (= Thais) に近いカセキタイスアゲハ属が創設された。

カセキシリアアゲハ Doritites bosniaskii はイタリアトスカーナ地方ガブロの中新世中期（約 2000 万年前）の地層から化石として発見され，この個体は♀とされている。ブリーク（Bryk, 1915）はこれに尾状突起をつけた復元想像図を描いて，タイスアゲハ族のギフチョウ属に含めた。その根拠はよくわからないが，斑紋の類似性のほかに，交尾後付属物の存在も挙げられている。モンローやハンコックはこの見解をそのまま受け継いだ。しかし，尾状突起はあくまで想像の産物で，むしろ斑紋パターンはシリアアゲハに近いようである。村田（1998 b）に現物の化石の写真が示されている。これを見ても交尾後付属物の形態はよくわからない。

また，ウスバシロチョウ属に最も近いものをシリアアゲハ属とするか，あるいはイランアゲハ属にするか，見解が分かれている。イランアゲハ Hypermnestra helios は裏面がツマキチョウ属 Anthocharis のように唐草模様で，形態的にアゲハチョウ科としては特異である。むしろシリアアゲハ Archon apollinus のほうが，翅が丸みを帯び鱗粉が少なく半透明になるなどの特徴からウスバシロチョウ属と共通点が多い。ウマノスズクサ科の Aristolochia maurorum を食草とすることが知られている（五十嵐，1977）。この植物はシロタイスアゲハ Allancastria cerisy も食草としている。イランアゲハは，乾燥地に生えるハマビシ科の Zygophyllum miniatum などを食草としている（酒井，1981）。ハマビシ科は，系統分類上は同じムクロジ目のミカン科に近いとされる。

幼虫の食性の比較検討から，原始的なアゲハチョウ科の仲間はウマノスズクサ科 Aristolochiaceae を食草にしていたと考えられる。ここからケシ目ケマンソウ科のエンゴサク類やバラ目ベンケイソウ科のイワベンケイ，マンネングサ類などに食性転換したのが，高山や北方の寒冷地に分布を拡げたウスバシロチョウ属のグループだと考えられる。

さらに，バラ目ミカン科やクスノキ目クスノキ科を食べるようになったのが，南方に進出したアゲハチョウ属 Papilio やアオスジアゲハ属 Graphium などだと推定される（日浦，1969）。これらの植物の共通点としては植物分類の系統的近似性よりも，成分にアルカロイドを含んでいるものが多いことである。

アゲハチョウ亜科 Papilioninae は全体でおよそ 561 種（Hancock, 1983）とされているアゲハチョウ科の 9 割以上を占め，現在では世界各地で繁栄している。アゲハチョウ族 Papilionini，アオスジアゲハ族 Leptocircini，キシタアゲハ族 Troidini の 3 族からなる。

ウスバシロチョウ属の分類学的位置づけ

18世紀のリンネの時代において、ウスバシロチョウ属の代表種といえる、アポロウスバ *Parnassius apollo* がすでに知られていた。第2章ですでに述べたように（69ページ）、現在における動物の学名は、リンネの『Systema naturae 10 th ed.』(1758) を基礎とすることが、国際動物命名規約に定められており、それ以前の命名であっても便宜的に1758年1月1日を、すべての種類についての出発点とみなしている。

このなかでアポロウスバは *Papilio apollo* と記述されており、同時にクロホシウスバも *Papilio mnemosyne* として記されている。この本では、蝶の仲間は *Papilio* の1属だけである。時代が進むにつれて新しい種類が書き加えられ、さらに多くの属が創られて再分類されたのである。

1. ウスバシロチョウ属の創設

ウスバシロチョウ属 *Parnassius* は、1804年にフランスの生物学者、ラトレイユ P.A. Latreille (1762-1833) によってアポロウスバを模式種として創設された。属名の *Parnassius* はギリシャ神話の詩や音楽、予言の神で、太陽神と同一視されたアポロン Apollon、ローマ神話のアポロ Apollo と女神ミューズ（ムーサ）Muse がすむとされる聖地のパルナッソス（パルナス）山 Parnassós に由来する。

パルナッソス山は実在しており、ギリシャのデルフィの北にある標高2457mの山で、その山麓にはアポロン神殿が残っている。

19世紀にはいると、ヨーロッパ人らによるヒマラヤ探検や中央アジア探検がさかんに行なわれ、これらの高地帯から次々にウスバシロチョウ属の新種が発見された。さらに最近になってから、従来は1種類であったものが分割されて2種以上になる場合もあり、種類数がずいぶん増えている。

その結果、1980年の初めには36種類ほどであったものが、1990年ごろには50種類を超えるまでになった。しかしながら、分類の方法は研究者によって異なり、再度これをまとめようとする考え方もある。いずれにせよ、1つの属のなかにそれぞれ数種類しかいないウスバシロチョウ族のなかでは飛び抜けて種類数が多く、個体変異や地理的変異に富んでいる。

その特徴として、前後翅は丸みを帯び後翅に尾状突起を欠く。翅の地色は白色や黄色の半透明で鱗粉が少なく、鮮やかな赤色斑や青色斑をもつものがある。前翅中室基部の中脈分枝を欠く。附節の先端の2本の爪は互いに長さが異なる。胴体が長毛で覆われる。幼虫はアゲハチョウ科に特有な臭角をもち、蛹になるときには吐糸で繭をつくる。交尾後の♀は♂の分泌物により、その腹部に袋状や突起状の特異な形態の交尾後付属物をつける。幼虫の食草はケシ目ケマンソウ科のキケマン属やコマクサ属、バラ目ベンケイソウ科のイワベンケイ属、マンネングサ属である。

ウスバシロチョウ属はユーラシア大陸の寒冷地や高地を中心に分布し、北アメリカ大陸には3種類が棲息する。中国には1999年の時点で30種類ほどが分布し、全体の7割ほどを占め、最も種類数が多い。地域的には、中央アジア地域に分布が限られるアウトクラトールウスバ *P. autocrator* やアフガンウスバ *P. inopinatus*、ロキシャスウスバ *P. loxias* などの特産種が多く、この辺りにウスバシロチョウ属の分散の中心があると考えられる。おそらく、これらの祖先型は翅表に赤色紋や青色紋をちりばめた派手な模様をしていたのであろう。

2. ブリークの総説

第二次大戦前に、ドイツ・ベルリンを中心に活動したブリーク Felix Bryk (1882-1957) は、オーストリア生まれの画家で、後にスウェーデンへ帰化し、ウスバシロチョウ属の大コレクターであった。1930-1939年ころ、さかんに多くの亜種や変種の記載を行なった。

1935年に『Das Tierreich 動物界 第65分冊』において、ウスバシロチョウ亜科の総説集をだしている (Bryk, 1935)。

オランダ・ハーグの実業家、アイスナー Jacob Curt Eisner (1890-1981) と共同して、ウスバシロチョウ属専門の雑誌「*Parnassiana*」(1930-1939) を発行した。戦後はアイスナーが引き継ぎ、オランダ・ライデン自然史博物館の「*Zoologische Mededelingen*」(Leiden) において、「*Parnassiana nova*」(1954-1983) として発行を継続した。所蔵していた1300箱、5万頭もの膨大なウスバシロチョウ属の標本は、同博物館に寄贈・収蔵されている。

その後に発見された新しい種類もあるが、ブリークの総説集には1934年までに発見されたウスバシロチョウ属のほとんどの種類が網羅され、それぞれ詳細な解説がされ、以後のパルナシウス学のバイブルになっている。このなかで、ブリークはウスバシロチョウ属を6属30種に分けており、各種の変種や型などの記述も多く、い

表1　ウスバシロチョウ属 Parnassius Latreille, 1804 の分類表

I. アポロウスバ亜属 Subgenus *Parnassius*
　アポロウスバ　*P. apollo*
　ホェブスウスバ(ミヤマウスバ)　*P. phoebus*
　ブレーマーウスバ(アカボシウスバ)　*P. bremeri*
　ノミオンウスバ(オオアカボシウスバ)　*P. nomion*
　テンシャンウスバ(テンザンウスバ)　*P. tianschanicus*
　エパフスウスバ(テンジクウスバ)　*P. epaphus*
　ジャケモンウスバ　*P. jacquemontii*
　アクティウスウスバ　*P. actius*
　ホンラートウスバ　*P. honrathi*
　アポロニウスウスバ　*P. apollonius*

II. アッコウスバ亜属 Subgenus *Tadumia*
　1. クロホシウスバ群 Mnemosyne group
　　クロホシウスバ　*P. mnemosyne*
　　ウスバシロチョウ　*P. glacialis*
　　ヒメウスバシロチョウ　*P. stubbendorfii*(=*P. hoenei*)
　　アルタイウスバ　*P. ariadne*(=*P. clarius*)
　　クロディウスウスバ(オオアメリカウスバ)　*P. clodius*
　　ノルドマンウスバ　*P. nordmanni*
　　ウスバキチョウ　*P. eversmanni*(=*P. felderi*)
　　オルレアンウスバ　*P. orleans*
　2. ハードウックウスバ群 Hardwickii group
　　ハードウックウスバ(ヒマラヤウスバ)　*P. hardwickii*
　3. ケファルスウスバ群 Cephalus group
　　チェケニーウスバ　*P. szechenyii*
　　ケファルスウスバ　*P. cephalus*
　　マハラジャウスバ　*P. maharaja*(=*P. labeyriei*, =*P. nosei*)
　　シュルテウスバ　*P. schulte*
　4. アッコウスバ群 Acco group
　　アッコウスバ　*P. acco* (=*P. przewalskii*, =*P. baileyi*, =*P. rothschildianus*)
　　ハニングトンウスバ　*P. hunnyngtoni*(=*P. hannyngtoni*)
　5. テネディウスウスバ群 Tenedius group
　　テネディウスウスバ　*P. tenedius*(=*P. arcticus*)
　6. ミカドウスバ群 Imperator group
　　ミカドウスバ(インペラトールウスバ)　*P. imperator*
　7. ロキシャスウスバ群 Loxias group
　　ロキシャスウスバ　*P. loxias*
　　アウトクラトールウスバ　*P. autocrator*
　　チャールトンウスバ　*P. charltonius*
　　アフガンウスバ(イノピナトゥスウスバ)　*P. inopinatus*
　8. デルフィウスウスバ群 Delphius group
　　デルフィウスウスバ　*P. delphius* (=*P. staudingeri*, =*P. maximinus*, =*P. cardinal*)
　　ストリクツカウスバ　*P. stoliczkanus*
　　ステノセムスウスバ　*P. stenosemus*
　　アクデスティスウスバ　*P. acdestis*
　　パトリキウスウスバ　*P. patricius*(=*P. priamus*)
　　ヒデウスバ　*P. hide*
　9. シモウスバ群 Simo group
　　シモウスバ
　　P. simo(=*P. simonius*, =*P. andreji*, =*P. boedromius*)

ささか細分化しすぎのように感じられる。これも時代の流れであろう。

3. マンローによる分類

カナダのマンロー(Munroe, 1961)はウスバシロチョウ属を♂交尾器の鉤状器 uncus のあいだにヘラ状の突起があるアポロウスバを含むアポロウスバ亜属 *Parnassius*(10種)とヘラ状の突起がないアッコウスバを含む，アッコウスバ亜属 *Doritis*(27種)の2つに大別し，全部で10の群 group に分けて，合計37種類とした。

なお *Doritis* 亜属は，Hemming(1967)によればアポロウスバが模式種なので，*Parnassius* 亜属の同物異名になり，ムーア F. Moore(1830-1907)が1902年に創設した *Tadumia* 亜属が用いられる。これはアッコウスバ *Parnassius acco* が模式種になっている。

尾本(1966)は，2亜属10群で35種類とした。種の扱い方はマンローと少し異なっている。アウトクラトールウスバ *P. autocrator* は，初めチャールトンウスバ *P. charltonius* の亜種として記載されたが，後に多くの個体が得られて詳しく調べられ，別種と認められた。逆に別種とされていたものが，後に同種として扱われるようになる場合もある。

4. ワイスの総説

フランスのメス(メッツ)Metz にすむ J.-C. ワイス(Weiss, 1991, 1992, 1999)はウスバシロチョウ亜科の総説『The Parnassiinae of the World part 1～3』をだしている。このなかで，最近のヨーロッパ地域での本属の細分化を反映して，合計50種類を認めている。これは Delphius 群や Simo 群などが，いくつかの種類に細かく分けられたので，種類数が以前よりずっと増えたためである。

上記のように現在，ウスバシロチョウ属はアポロウスバを含む *Parnassius* 亜属の約10種類と，アッコウスバを含む *Tadumia* 亜属の30-40種類に分けられることが多い。しかし最近は種を細分化する傾向が強く，まだ確固たる分類が確立していないのが現状である。

ウスバキチョウの分類学的位置づけ

ウスバキチョウ *Parnassius eversmanni* は，アッコウスバ亜属 *Tadumia* のなかの，クロホシウスバ群 Mnemosyne group に含められる。日本にはウスバシロチョウ属の仲間がウスバシロチョウ，ヒメウスバシロチョウ，ウスバキチョウの 3 種類いるが，いずれもこのグループに含められる。北海道には 3 種類とも分布し，本州と四国にはウスバシロチョウしかおらず，九州以南や南西諸島には 1 種類も棲息していない。

ウスバシロチョウ属全体をみると，アポロウスバを代表とするアポロウスバ亜属は，白色の地色に黒色条と赤色紋をもち，アッコウスバ亜属は白色または黄白色の地色に，黒色条と赤色紋・青色紋をもつものが多い。むしろクロホシウスバやウスバシロチョウのような黒色条と黒色斑だけで，色彩のある紋をもたない種類のほうが少ない。

系統分類において，ウスバシロチョウ属に近いと考えられるシリアアゲハ属も後翅亜外縁に赤色紋と青色紋をもつ。これらのことから，この仲間全体の祖先種は，赤色紋や青色紋をもっていたと考えられ，これはほかの近縁のグループでも同様である。したがって，中央アジアのごく限られた場所に分布するアウトクラトールウスバのような，青色斑や橙色斑あるいは赤色斑をもつものが，本属の原始的な型であると推定される。

中国の高地帯にすむオルレアンウスバは，比較的小型ながら黄白色の地色に赤と青の斑紋をもつ。♀の交尾後付属物の形状は袋状で，ウスバキチョウとよく似ており，尾本(1966)はこのグループの祖先型であろうとしている。

中央アジアのアルタイ山脈の一部に分布するアルタイウスバやアメリカのロッキー山脈を中心に棲息するクロディウスウスバは，いずれも乳白色の地色に赤色紋をもち，ウスバキチョウに非常に近い種類である。食草はキケマン属やコマクサ属である。クロディウスウスバの終齢幼虫の写真を見ると，アラスカ産のウスバキチョウと非常によく似ており，同様に黒色型と淡褐色型の 2 型がある (Tyler *et al.*, 1994)。

北米大陸のウスバキチョウの♀は日本産ほど黄色味が強くなく，♀どうしではその外見がこの 2 種の♀によく似ている。

また，コーカサス地方に分布するノルドマンウスバ *P. nordmanni* の成虫もアルタイウスバによく似ている。

アムール川の中流域のごく限られた地域に分布する，ウスバキチョウの亜種 *P. eversmanni felderi* は，胴体にのみ黄色毛があり，♂と♀の翅の地色はともに白色である。さらに赤色斑が退化して，黒色斑のみになる場合がある。前述したように(75 ページ)，アムール川中流域のコムソモリスク・ナ・アムーレ近くのゴルヌィでは，黄色型と白色型の個体が同じ場所で混棲しており，地色がクリーム色の中間型まで見られた(渡辺，1997)。地域的にも ssp. *felderi* と ssp. *maui* の中間に位置している。

以上のことから，これらのグループのうち黄色の地色が薄れ赤色紋を失ったのがウスバシロチョウやヒメウスバシロチョウのように黒色斑のみ，あるいは無紋の種類になったと推定される。

幼虫の食性上からは，ウスバシロチョウ属の *Parnassius* 亜属はバラ目ベンケイソウ科のマンネングサ属 *Sedum*，イワベンケイ属 *Rhodiola* などを食草としている。*Tadumia* 亜属では，ケシ目ケマンソウ科のキケマン属 *Corydalis* やコマクサ属 *Dicentra* を食草とする。

高山性の種類では，まだ食草や生態がわかっていないものが多い。

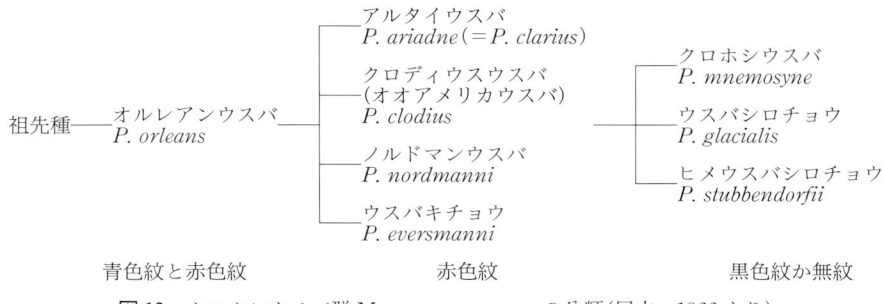

図 19 クロホシウスバ群 Mnemosyne group の分類(尾本，1966 より)

第 5 章　形態と変異

形　態

　ウスバキチョウは中型のウスバシロチョウ属の仲間で，♂の地色が黄色や黄白色(ssp. *felderi* では例外的に白色)，♀の地色は黄白色から乳白色である。前翅表は外縁や亜外縁の黒色条が発達し，後翅表は内縁部が黒く亜外縁に黒色条をもつ。後翅表面には1-5個の赤色斑があるが，ときにはほとんど赤色鱗粉を欠くことがある。後翅裏面は赤色斑が発達し，基部にも赤色斑がある。一般に♀のほうが地色が薄く，黒色条と赤色斑が発達する。

1. 卵

　まんじゅう型で，全面にやや深い凹点がある。白水・原(1962)によると，色彩は灰白色，直径1.17 mm，高さ0.86 mm。五十嵐(1979)によれば，直径1.20-1.25 mm，高さ0.87-0.90 mm。原(1991)に朝鮮半島北部産の走査電子顕微鏡写真が図示されている。頂部付近は平滑で，真ん中に3-4個の精孔がある浅い凹みがある。底部はわずかに窪んでいる。ヒメウスバシロチョウよりやや大きく，丈が高い。また，表面の凹点は本種のほうがより細かく，網目状になっている。

2. 幼　虫

1齢幼虫
　体長3-4 mm(以下の体長は自然状態で実測したもの。のびた状態と縮んだものでは誤差が多少あり，休眠状態ではかなり縮む)。頭幅は0.59 mm(以下の頭幅値は五十嵐，1979によった)。胴体には黒色の長毛がある。体色は孵化直後は黄褐色で，やがて黒褐色に変わる。1齢幼虫の背面には黄白色斑がない。

2齢幼虫
　体長6-10 mm，頭幅は0.91 mm。体色は淡黒褐色。背面に縦に2列の不明瞭な黄白色の斑列が現われ，齢を重ねるごとに明瞭になる。体表は黒色の短毛で覆われる。

3齢幼虫
　体長10-16 mm，頭幅は1.29-1.30 mm。体色はより黒褐色を帯びる。

4齢幼虫
　体長15-24 mm，頭幅は2.08 mm。体色が黒褐色から，黒色がより濃くなる。さらに背面の2列の黄色斑列が明瞭になる。体にさわると丸くなったり，頭部の後ろから淡黄色の臭角(肉角)をだす。匂いは弱く，実際に使うことは稀である。

5齢(終齢)幼虫
　体長22-35 mm，頭幅は3.25 mm。ほかの日本産ウスバシロチョウ属より頭部が大きい。体色は黒褐色，背面外側の2列の黄白色斑列が太く明瞭である，その内側に黒色のふちどりと，背面中央にヤジリ型の黒色斑が並ぶ。
　アラスカ産は黄白色斑列が直線状に繋がり，ヤジリ斑に黄白色の縁取りがあり，むしろヒメウスバシロチョウの幼虫に似る。また，終齢幼虫の地色には濃淡の個体差があるという(景浦・矢田，1995)。

3. 蛹

前蛹
　小さな砂礫や枯れ葉などを吐糸で綴り，長さ25-30 mm，幅10-15 mmほどの紡錘形の繭をつくり，そのなかで前蛹となる。繭は隠蔽色となっている。繭は厚く非常に丈夫で，なかは透けて見えない。

蛹
　前蛹から脱皮して蛹になる。蛹化直後は鮮やかな赤褐色をしており，羽化直前には黒褐色に変わる。景浦・矢田(1995)は，アラスカ産の蛹の体色に，黒褐色のものと赤褐色のものがあると報告している。体長は14-18 mm。

♂は♀に比べるとやや体型が細長く，♀は♂より体幅が広いので，だいたい区別することができる。また，腹端の形態の精査でも判別できる。

4. 成虫

前翅長は 26-41 mm，寒冷地や高標高地のものは小さく，朝鮮半島産やアムール中流域，ロシア連邦・沿海州のものは大型になる傾向がある。また，♂と♀はだいたい同じぐらいの大きさになり，♀の方が翅型が丸みを帯びる。

翅は半透明で，薄羽（ウスバ）の名称のもとになっている。ウスバシロチョウ属の仲間は，このように翅が半透明なものが多い。地色は♂が黄色や黄白色で，♀はやや黄色を帯びた乳白色。例外的に，ssp. *felderi* の♂は白色である。羽化後，日数がたつと黄色が退色し，いずれも灰白色に近くなる。

普通，翅表後翅の第5室と7室に黒色条で縁取られた赤色斑をもつが，ときにはほとんど赤色鱗粉を欠き，黒色斑のみになる個体がある。これは比較的赤色斑が発達する地域，例えば大雪山産でも稀に出現する。逆に第1b室と第2室，第4室にも赤色斑をもつ場合があり，さらに第7室，中室，第1b室基部にも赤色斑が現われることがある。翅裏は表面よりずっと赤色斑が発達している。

前翅の外縁，亜外縁，中室などに黒色条があり，♂より♀のほうが黒色条が太くなる。後翅の亜外縁にも黒色条があるが，ときにはこれをほとんど欠く場合がある。後翅の内縁部は黒い。

♂は♀より体毛が多く，胸部・腹部が黄色毛で覆われる。♀は中−後胸部背面や腹部（側面・背面）に黄色毛が少なく，前胸部や腹部下面などに生える程度。

交尾後の♀は♂の分泌物によって，腹部下面に袋状の交尾後付属物 sphragis（封印，印章を意味するギリシャ語に由来する）をつける。かつては受胎嚢とか交尾嚢と呼ばれていた。後者は♀の内部生殖器の corpus bursae（交尾嚢）に使われているので紛らわしく，交尾後付属物のほうが相応しい。この形状は種によって決まっており，分類の1つの目安になる。ウスバキチョウでは灰色や灰褐色で，薄い殻状の中空の袋になり，後方は口が開いている。外形はイルカなどの三角形の鰭に似ている。ギフチョウのように♂の体毛は混じらない。♀との複数回交尾を避けるためだとか，♂に対する交尾ずみの印しを示すといわれる。しかし，野外では交尾ずみの♀に♂が執拗に迫ったり，産卵を邪魔したりするので，あまり役立っていないように思える。ウスバシロチョウなどでは♂がこの交尾後付属物をつけていることがあり，交尾が

写真10　♀の交尾後付属物 sphragis。上：側面，下：後面

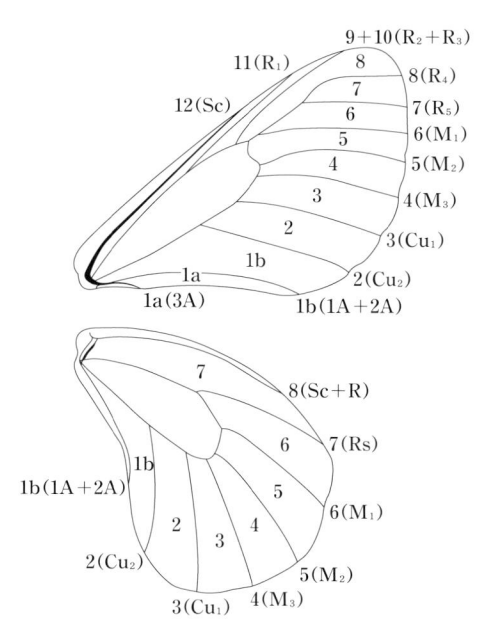

図20　ウスバキチョウの翅脈図

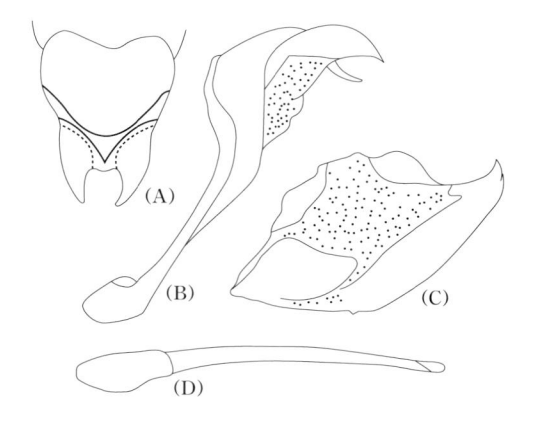

図21　ウスバキチョウ♂の交尾器（川副・若林，1976 より改変）。A: dorsum（背面），B: ring（左側面），C: valva（右内面），D: phallus（左側面）

すんで♀と分離するときに，逆に自身の腹端につけてしまったという観察がある。この交尾後付属物は精子に注入がすみ，交尾の終わりのほうで10分ほどかけてつくるとされる。まさに封印の意に添っている。

♂の交尾器については，Kurentzov(1970)や川副・若林(1976)，Korshunov(1996)，藤岡(1997)などに図示されている。斑紋と同じように地理的変異があるが，ssp. *felderi* とほかの亜種を別種とするほどの大きな差はない。

5. 染色体数

ウスバキチョウの染色体数はヒメウスバシロチョウと同じ $n=29$ と報告されている（斎藤ほか，1969）。

クロホシウスバ P. *mnemosyne* は同様に $n=29$ で，ホェブスウスバ P. *phoebus* は $n=28, 29$ である。アポロウスバ P. *apollo* は $n=30$ である（Robinson, 1990）。

変　異

1. 原名亜種群

Ssp. *everesmanni* ［Ménétriès］ in Siemaschko, [1850]（原名亜種）

【前翅長】　♂：28.5-30.0 mm，♀：28.0-30.0 mm

【特徴】　比較的小型の個体群で，ssp. *septentrionalis* よりは一般的にやや大きい。地色は♂が黄色で♀が乳白色である。第5室の赤色斑は大きく明瞭。♀はより翅表の赤色斑が発達し，第7室基部にも赤色斑をもつ場合がある。前翅の黒色帯は発達する傾向が強い。

Ssp. *altaicus* Verity, 1911

【前翅長】　♂：29.0-31.5 (22-30) mm，♀：29.0 (22-32) mm

【特徴】　原名亜種より小型のものが多いが，大きさには変異がある。斑紋がよく似ているので，前者に含める場合もある。

Ssp. *septentrionalis* Verity, 1911

【前翅長】　♂：24.0-27.5 mm，♀：29.0-30.0 mm

【特徴】　小型の亜種群で，♂の地色は黄色，♀は淡黄色である。第5室の赤色斑は小さく不明瞭で，赤色鱗をほとんど欠く場合もある。

Ssp. *septentrionalis* Verity, 1911（= *lautus* Ohya, 1988）

【前翅長】　♂：32.0-32.5 mm，♀：29.0-30.0 mm

【特徴】　Ssp. *lautus* の翅型は丸みを帯び，とくに後翅において著しい。♂の地色は淡黄色で，♀は乳白色。♂翅表の黒色帯はあまり発達せず，第5室の赤色斑を欠く。第7室の赤色斑も小さい。ssp. *septentrionalis* より♂は大型であるが，斑紋的にはそれほどの違いが見られない。

Ssp. *vosnessenskii* ［Ménétriès］ in Siemaschko, [1850]（= *wosnesenskii* Ménétriès, 1855）

【前翅長】　♂♀：28.0 mm-31.0 mm

【特徴】　原名亜種と同時に，1♀によって記載されているが，今までに得られた個体数が少ないので，情報がきわめて限られる。岩本・猪又(1988)によれば，♂の地色は淡く，後翅の赤色斑は発達するとしている。基産地はオホーツクとされるが，実際にはアルダン川の支流ウチュル川の岸辺で，オホーツクの町より500 kmほど南

写真11 Eisner(1966)に図示されたssp. *vosnessenskii* ♂

西に下がる。

さらに南西地域のコリマ山脈からマガダンにかけて分布するいわゆる，ssp. *magadanus* とつながると思われる。また，さらに北方では ssp. *polarius* につながり，どこで亜種を区切るのか判断が難しく，これらはまとめて同一亜種にしたほうがよいだろう。

Ssp. *vosnessenskii* [Ménétriès] in Siemaschko, [1850] (= *polarius* Schulte, 1991)
【前翅長】 ♂：26 mm，♀：26 mm
【特徴】 Ssp. *polarius* はロシア国内において最も小型で，ssp. *thor* と同じぐらいの大きさである。♂の地色の色調は淡黄色である。前翅の黒色条は減退し，後翅の赤色斑は小さい。Ssp. *thor* に比べると，斑紋がやや不明瞭である。♀の地色は淡黄白色で，♂より黒色条が発達する。後翅の亜外縁の黒色条が減退し，斑点状になる。後翅の赤色斑は大きく明瞭である。

2. 極東亜種群

Ssp. *felderi* Bremer, 1861
【前翅長】 ♂：37.0-41.0 mm，♀：34.0-41.5 mm
【特徴】 地色は白色から，わずかに黄色味を帯びる乳白色である。とくに♂では黄色鱗粉を欠き半透明で，まるでヒメウスバシロチョウのようである。ただし胴体の体毛は黄色になる。種 *eversmanni* とは別種とされることも多いが，近年になってからゴルヌィの産地のように，白色型から黄色型，その中間の乳白色型やクリーム色型まで見られることがわかったので，同種と考えられる。赤色斑は個体変異が大きく，赤色鱗粉をほとんど欠くこともある。♀は地色が白色から乳白色で，赤色斑は♂より発達し，後翅の黒色帯もより明瞭になる。

中華人民共和国の黒龍江省伊春市五営で，1994年7月26日に 6♂♂ 11♀♀ が観察されている（廣川ほか，1995）。前翅長は♂が 34 mm，♀が 36 mm と報告されており，ロシア産に比べると，♂がやや小型である。地色は♂がわずかに黄色を帯びる白色で，♀は白色である。後翅表の赤色斑は♂で減退する傾向があり，第7室にごくわずかに現われ，第5室では黒色斑のみになる。♀は♂と同じような個体から，第5室と第7室の赤色斑が明瞭に現われ，第2室・第3室にも現われることがある。

Ssp. *litoreus* H.Stichel, 1907
【前翅長】 ♂：32.5-38.0 mm，♀：34.0-37.0 mm
【特徴】 大きさには変異があり，斑紋は ssp. *maui* と同様な個体も見られる。藤岡（1997）は，同じ亜種とみなしている。前後翅とも黒色帯の発達が悪く，とくに後翅ではほとんど黒色帯が消失する。また，赤色斑も発達が悪く，第7室では赤色鱗を欠くことがある。

Ssp. *maui* Bryk, 1915
【前翅長】 ♂：32.0-41.0 mm，♀：32.0-41.0 mm
【特徴】 大型の個体群であるが，矮小型も見られ，大きさにはかなりの変異がある。♂の地色は淡黄色，♀はわずかに黄色味を帯びるだけで白色に近い。♂後翅の第5

写真12 Kurentzov(1970)に図示された ssp. *maui*
上：♂，下：♀

```
         thor
          ↑
        polarius              litoreus
          ↑                     ↑
       magadanus          vysokogornyiensis
          ↑                     ↑
lautus  vosnessenskii   felderi → gornyiensis
   ↖       ↑              ↗         ↑
      septentrionalis → nishiyamai  maui
   ↗       ┆         ┆
eversmanni ┆    daisetsuzanus
   ↑      sasai
altaicus
```

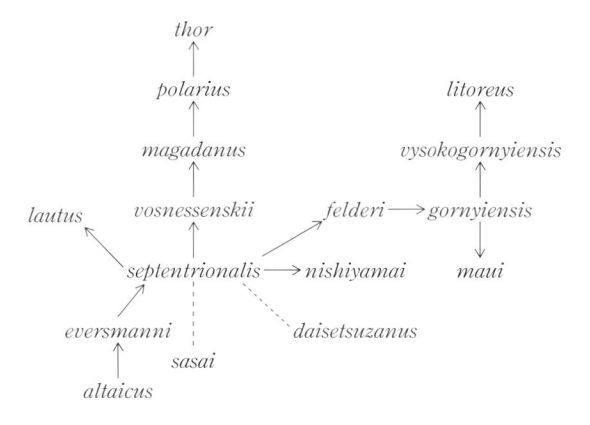

図22 ウスバキチョウの亜種相関図

室の赤色斑は小さく不明瞭で，ときには斑紋自体を欠く。第7室の赤色斑も比較的小さく，赤色鱗が消失することがある。前後翅の黒色帯は発達が悪く，とくに後翅では亜外縁の黒色帯を欠く場合がある。

Ssp. *gornyiensis* Watanabe, 1998
【前翅長】 ♂：30.0-33.0 mm，♀：26.0-30.0 mm
【特徴】 高標高地(標高 570-1000 m)の個体は比較的小型である。低標高地(標高 430-440 m)の個体群はより大型になる。羽化時期は高標高地のほうが早く，7月初めには汚損する。低標高地では7月上-中旬から羽化する。♂の地色は白色から淡黄色まで変異がある。♀は地色が白色。Ssp. *felderi* との分布境界にあり，両者が繋がる可能性がある。

Ssp. *vysokogornyiensis* Watanabe, 1998
【前翅長】 ♂：32.0-37.5 mm，♀：32.0-35.5 mm
【特徴】 ♂の後翅表の赤色斑は第7室において明瞭で，第5室では黒色斑のみになる個体がある。Ssp. *maui* に近い個体群であるが，地理分布的にはアムール川河口付近に棲息する ssp. *litoreus* との中間に位置し，斑紋的にもその中間的な特徴を表わす。

3. アラスカ・カナダ亜種群

Ssp. *thor* H. Edwards, 1881
【前翅長】 ♂：26.0-28.0 mm，♀：28.0 mm
【特徴】 大きさは平均的に小型である。地色は♂が黄色で，♀は淡黄色。黒色帯は発達が悪く不明瞭であるが，逆に斑紋のコントラストは強い。
ユーラシア大陸東端のチュコト半島産は小型で，斑紋はアラスカ産とよく似ている。距離的にはベーリング海峡をはさんで，目と鼻の先にある。

4. 隔離亜種群

Ssp. *sasai* O.Bang-Haas, 1937
【前翅長】 ♂：34.0-38.0 mm，♀：34.0-37.0 mm
【特徴】 大型で♂の地色は濃い黄色。♀は淡黄色。♂前翅の黒色帯，および後翅の亜外縁の黒色斑列が発達する。♀では全亜種中で最も黒色帯が発達し，太く明瞭。とくに後翅亜外縁の黒色帯が太く明瞭になる。ごく稀に，♀において前翅第5室の中室外側の暗黒色帯に赤色斑をもつものがあり，杉谷(1940)により異常型 ab. *rubropunctata* と命名されているが，現在の国際動物命名規約上は無効である。
このような前翅の赤色斑は，例えばオルレアンウスバにも現われ，系統分類上で興味がもたれる。
後翅表の赤色斑を欠き，黒色紋だけになる個体も稀に見られ，やはり異常型 ab. *caeca* と命名されているが，これも無効である。

Ssp. *nishiyamai* Ohya and Fujioka, 1997
【前翅長】 ♂：32.0-34.0 mm，♀：32.0 mm
【特徴】 王(1999)は原名亜種に含めている。斑紋的にはそれほど大きな特徴はないが，ほかの亜種からは地理的に大きく飛び離れている。完模式標本となったソロニース谷産の♂はより小型(前翅長 32 mm)で，地色は淡黄色で後翅表の赤色斑は小さく，ほとんど赤色鱗粉を欠く。藤岡(1997)の図示は，翅表が裏焼きになっている。実際には，右側の前後翅が羽化不全の状態である。満帰産の個体はやや大型(前翅長 34 mm)で，翅表の黒色帯は発達する。

写真13 藤岡(1997)に図示された大興安嶺産 ssp. *nishiyamai* ♂

Ssp. *daisetsuzanus* Matsumura, 1926
【前翅長】 ♂：26.0-29.0 mm，♀：26.0-29.0 mm
【特徴】 原名亜種や ssp. *altaicus* と同様，小型の個体群である。内田(1930)は ssp. *septentrionalis* と同一亜種に含めたが，明らかに特徴が異なる。前翅の翅型は細長く，地色は♂が濃い黄色で，♀は淡黄色。♀の翅表の地色はほかの亜種に比べ，最も黄色味が強い。また，後翅表の赤色斑が明瞭で，第7室と第5室のほかに第2室や第1室にも現われることがある。また，ssp. *sasai* と同じように，♀の前翅第5室の中室外側の暗黒色帯に赤色斑をもつことがある(小佐々ほか，1955)。

第6章　生活史

周年経過

1. 大雪山での周年経過

大雪山における周年経過は以下の通りである。

♀はたいてい羽化直後に♂と交尾し，翌日ぐらいから産卵をはじめる。卵は数週間もすると幼虫体が形成されるが，年内は孵化しない。1年目の冬は卵(卵内初齢幼虫)ですごす。

翌年，早いところでは5月中-下旬から孵化する。たいてい，6月にはいってから孵化するものが多い。孵化した幼虫は，ちょうど芽生えた食草のコマクサの新葉や茎を食べる。4回脱皮して，7-8月には老熟して5齢(終齢)幼虫になる。老熟すると高山植物の枝部に砂礫や枯れ葉を吐糸で綴った繭をつくり，そのなかで前蛹になる。4-5日後に脱皮して蛹になる。

7月中旬に蛹化する場合もあるいっぽう，稀に9月にはいっても3-4齢幼虫を見ることがあるが，おそらく成長が遅れた個体であろう。

こうして2年目の冬は蛹で越す。低標高地に蛹を移動させると，成虫化が進むという(小佐々ほか，1955)。

足掛け3年目の6-7月にかけて，ようやく羽化する。羽化直前になると，翅などがわずかに蛹殻を通して透けて見える。繭のなかなので外からは伺い知れない。

このように，大雪山系では卵から成虫になるまでに，まる2年(足掛け3年)かかる。ごく例外的に2年目の8月下旬から9月上-中旬にかけて，羽化することがある。休眠せずに成虫化が進行したものと考えられる。しかし，シーズンオフに羽化したものは，普通は交尾して卵を産むことができないので，次の世代に子孫を残せない。季節外れの羽化は毎年起こるとは限らず，通常は蛹態で越冬する。暖帯の平地で飼育すると休眠せず，その年のうちに羽化することが多いといわれる。

2. 国外での周年経過

国外の周年経過はあまり知られていないが，アラスカでは6月下旬から7月初めにかけて3-5齢幼虫が見つかっているので，卵から成虫になるまで，まる2年かかるとしている(景浦・矢田，1995)。成虫は低標高地のノーム(標高70-350 m)では6月中-下旬に多く，7月上旬になると♂はほとんど汚損する。イーグル・サミット(標高1100 m)などの高標高地では，6月下旬から7月中旬にかけて羽化する。いずれの地でも，♂の羽化が♀より1週間ほど先行する。また，羽化時期は年によって異なることがある。

同様にユーラシア大陸の極寒冷地や高標高地でも，全生活史にまる2年かかることは疑いない(Tuzov et al., 1997)。サヤン山脈やアルタイ山脈などの高標高地では6月中-下旬に最盛期を迎え，だいたい大雪山と同じぐらいの羽化時期だと思われる。また，レナ川流域では6月下旬のデータが多い。

ロシア連邦・沿海州では標高500 m以下の低標高地にも棲息しており，その周年経過については，現状ではよくわかっていない。シホテ・アリン山脈の西側にあたるゴルヌィでは，やや高標高地(標高570-790 m)において，7月上旬の時点で♀を含め，ほとんどの個体が汚損していたので，おそらく6月20日ごろから羽化していたものと推定される。

いっぽう，やや標高が低い棲息地(標高430-440 m)では，7月12日にちょうど♂が羽化をはじめたばかりであった。しかし，同時に♀も少数得られている。

シホテ・アリン山脈の北端にあたるヴィソコゴルヌィ(標高600-750 m)では，7月上旬(7月3-7日)にちょうど♂が最盛期であった。♀も見られ，両者にそれほど大きな羽化期の差はないようである。♂にはかなり汚損した個体が見られる。

クレンツォフ(Kurentzov, 1970)によると，ssp. *maui* は標高700-800 mまで下りてくることがあるが，高山性の種類であるとしており，7月末から8月前半にかけて，出現する。私の手元にある標本のデータからは，7

月20日前後が多いようである。なお，ssp. *felderi* の棲息地のほうは標高 400-800 m ぐらいで，6月下旬から7月上旬に現われると書かれている。

本種と混棲していることが多いヒメウスバシロチョウは卵（卵内初齢幼虫）で冬を越し，翌年には成虫になるといわれている。つまり，全生活史のサイクルは1年で完了するが，北海道産に比べるときわめて小型である。現在までのところ，同じ場所に棲息しているウスバキチョウが同様に1年で成虫になるかどうかは確認されていない。

では次に成長段階別にもう少し詳しく生活史をみてみよう。

生活史

1. 卵

産卵直後は淡桃色を帯びるが，すぐに白灰色に変わる。大雪山において，むしろ食草に直接産みつけられることは少なく，たいてい付近の砂礫・岩礫の裏面や側面に1個ずつ産卵される。食草およびそれ以外の種類の枯れ葉や枯れ枝，食草のコマクサの葉や茎，花茎などにも産みつけられることがある。卵のなかでは数週間で幼虫体が形成されるが，年内には孵化せず，そのまま卵のなかで冬を越す。

私は厳冬期の1-2月に棲息地のコマクサ平などを訪れて観察を行なった。棲息地は，常に強風に晒される風衝地のため，ほとんど積雪に覆われることがなく，卵のついていた砂礫や岩礫が周囲の土壌とともに凍結した状態であった（渡辺，1991）。このため大雪山での最低気温の実測から，氷点下30°C程度までは十分耐凍性があると考えられる（曽根・高橋，1988）。

写真14 卵

2. 幼虫

例年，だいたい5月中旬から6月上旬ごろにかけて孵化する。その時期は棲息場所や天候状況によって異なるようである。遅い年には，6月中旬以降になると思われる。1齢幼虫は卵殻の側面を大きく食い破ってから脱出する。ウスバシロチョウでは，卵殻中央の精孔部付近を丸く円形状に食べる。残った卵殻は食べない。

コマクサ平において，通常6月上-中旬ぐらいには2齢幼虫になる。コマクサの新葉に新鮮な食痕があれば，暖かい日中にはすぐ近くで摂食しているか，あるいは付近の砂礫や岩礫上で日光浴をしている。夜間や早朝，気

写真15 2齢幼虫

写真16 ホッキョクモンヤガ終齢幼虫

温の低いときには，岩礫下や砂礫のなか，矮性高山植物群落の薮に隠れている。日が差し体温が上がると，すばやく這いだしてきて移動する。近くに食草があれば，若齢のときにはそれほど遠くへ移動しないようである。

茎を食い切って葉ごと地上に落とし，萎れた葉を食べることがある。これは水分過多を嫌うからかもしれない。また，食草の葉を細かく食い散らすこともある。1回の摂食時間は10-30分ぐらい。

茎の根元をばっさり食い切るのはホッキョクモンヤガ *Agrotis ruta* の幼虫である。これはコマクサの根元の地面に穴を掘り，そのなかに潜んでいる。そして，夕方から夜間にかけてでてきて，食草の葉や茎を食べる。亜終齢幼虫で越冬し，越冬直後や老熟幼虫は日中にも地表を歩きまわる。

ウスバキチョウの幼虫の成長はきわめて遅い。これは高山のため気象が安定せず，悪天候が続いたり，低温などにより1日の摂食時間が限られるからだと思われる。6月中旬から7月初めには3齢となる。

4齢になると，コマクサの葉や茎のほかに，蕾や花弁，花柄も食べる。葉と同様に花冠を地上に食い落として，摂食することもある。花冠だけを食い落とし，残った花柄につかまって茎を摂食しているのをよく観察する。同じコマクサの株に2-3頭の幼虫が集まり，かたまって摂食することがある。また，緑岳-小泉岳の稜線ぞいのように，食草がまばらにしか生えていない場所では，さかんに地上を歩きまわって次の食草を探す。このため歩道ぞいで，登山者に踏まれて死んでいる幼虫を見かけることがある。

7月上-下旬には終齢(5齢)になる。季節の進行が遅い年には，8月下旬にも終齢幼虫を見る。逆に早い年には6月中旬でも終齢幼虫が見つかる。

花柄に登って花弁を食べたり，花茎や茎を食い落として，地上で花や葉を食べる。茎の根元から食い切るのは前記のホッキョクモンヤガの幼虫で，ちょうど同じころに終齢が見られる。

7月下旬から8月にかけて老熟し，体色がやや薄くなり，黄色斑が白色を帯びる。そして，日中に地表をさかんに歩きまわる。この時期，食草がまったく見られない岩礫上をすばやく歩行する幼虫がしばしば見られる。このときにも登山者に踏み潰される幼虫が少なくない。

やがて，クロマメノキやミネズオウ，ガンコウランなど矮性高山植物の枝の下面に，枯れ葉や小さな砂礫などを2-3日かけてていねいに吐糸で綴って繭をつくる。そのなかで前蛹になる。クロマメノキは秋になると紅葉し，冬季には完全に落葉する落葉性で，この枯れ葉を吐糸で綴ることが多いが，みごとなカムフラージュ(隠蔽)になっている。ミネズオウとガンコウランは常緑で，ミネズオウなどは冬季に葉が黄緑色から黄褐色や淡紫褐色に変わる。これらの高山植物は−70°Cの寒さに耐えられるとされる(Sakai & Otsuka, 1970)。

かつては，岩礫の下で繭をつくるとされていたが，田淵(1978)によると，高根ヶ原などで2例見つけているにすぎない。そのうちの1例は，石の下でスギゴケ？の枝部に蛹殻がついている。私はコマクサ平などで十数年にわたり，掌大の大きさの岩礫からあらゆる大きさの石まで裏返して調べてみたが，奥の平(東平)において，岩礫の下で1例のみ蛹殻を発見しただけである。

1980年6月11日に羽化したばかりの♂を見つけ，その周囲を探したところ，南東方向に70 cmほど離れたクロマメノキの枝下で繭と蛹殻が発見できた。それから，同じような環境を探したところ，次々に蛹が見出された。棲息環境にもよるが，大部分の場所では矮性高山植物群落の枝の下面で繭をつくるものと思われる。なお同様な場所で，ダイセツドクガ *Gynaephora rossii daisetsuzana* も繭をつくっている。前年の古い脱皮殻はともか

写真17 ダイセツドクガの繭

く，ダイセツドクガは幼虫で2回越冬するので，6-7月になって繭をつくること，繭に幼虫時代の黄色毛が混じり，ほかの枯れ葉などをあまりつけないことなどで，本種と区別できる。その数から見ると，圧倒的にダイセツドクガの繭のほうが多い。

ときに繭をまったくつくらず，地上でそのまま前蛹になることがある。このような状態で蛹化すると，翌年に羽化することは少なく，たいてい押し潰されたり，カビが生える。あるいは，捕食されていることが多い。また，寄生は比較的少ないと思われ，私は観察したことがない。これまでの報告などでは，多いとされているが（小野，1958），むしろ天敵としては，ノゴマなどの鳥類に捕食される場合が多いように，私には思われる。

老熟幼虫は繭をつくった後，背面にごく粗く帯糸をかけ，腹端は固定しない。体長は25-28mmぐらいまで縮み，脱皮前にはさらに小さくなる。前蛹期は自然状態で4-5日ぐらいである。

3. 蛹

前蛹から脱皮して蛹になるが，脱皮殻を尾端につけ，尾端はやはり固定しない。これは蛹の尾端の懸垂器が退化しているためだとされている。

蛹で死ぬ確率も高く，越冬中に繭が破れて蛹が飛びだしたものは，大部分が死んでいる。凍死したのか，蛹殻が凹んだものやカビが生えているのもたいてい死んでおり，羽化しない。繭をつくらず，そのまま地上などで蛹化したものも羽化しないことが多い。さらにオサムシ類など天敵の捕食によると思われる，大きく穴の開いた蛹がしばしば見出される。

4. 成虫

翌年，6月10日ごろから羽化をはじめる。快晴で気温が急上昇するとき，いっせいに羽化することが多い。曇ったり霧がかかり気温の低いときに，羽化する個体も少数ある。腹部の関節がのび，胸部の幅が拡がりはじめると，羽化が近い。蛹殻が裂け，体をだして繭の端に穴を開けて脱出する。繭はつくられた当初，かなり丈夫なものであるが，越冬後はかなり脆くなっている。脱出後，近くの岩や高山植物の枝部に静止して翅をのばす。ときには静止場所を探して，かなり歩きまわることもある。このとき，クロクサアリやアシマダラコモリグモなどの天敵に襲われやすい。羽化不全で翅が完全にのびないものや，幼虫の頭殻をつけた個体が見られることがあり，これらの個体も，すぐに死ぬことが多い。

だいたいこの時期，大雪山では午前3時すぎに太陽が上り，晴れていれば日がすぐにあたりはじめる。日の入りは午後7時20分ぐらいで，8時ごろまで明るい。

晴れた日の，おもに午前7時ぐらいから羽化がはじまり，9時ぐらいまでが最も多い。朝のうちに雨が降ったりした場合は，午後にも羽化する個体がある。たいてい，翌日に羽化を繰り越す。次に羽化の1例を挙げる。

写真18 蛹。越冬中に繭が破れて蛹が飛びだすと死んでしまう。

羽化の経過

1980年6月14日のコマクサ平で観察した羽化の経過を記す。

午前7時25分　♀が蛹殻を破り繭から脱出。クロマメノキの太枝についていた繭殻より、5 cmほど先端寄りのところで静止する。

午前7時40分　半分ほど翅がのびた。

午前7時50分　ほとんど翅がのびた状態。

午前8時06分　隣の枝に移る。

午前9時00分　黄土色の羽化液を排出する。

午前9時10分　少しずつ飛びはじめる。

イ. 羽化時期

大雪山系では、例年だいたい6月10日前後に♂の羽化がはじまる。田淵(1978)は、1976年6月2日(黒岳)が最も早い観察記録だとしている。私は、1980年6月11日、コマクサ平で♂を観察している。1998年は春先の気温が異常に高く、コマクサ平では5月23日ごろから羽化したようで、5月31日にも同地で成虫が観察されている。年によって羽化が前後に1-2週間ずれることがある。ここ10年間は、比較的羽化の時期が早い傾向にある。天候不順の年には、だらだらと長期にわたって羽化することが多い。

羽化時期は棲息場所によって異なり、黒岳、コマクサ平、小白雲岳などでは、羽化が早い傾向があり、白雲岳や高根ヶ原、小泉岳、忠別岳、トムラウシ山では、やや遅れる。標高にはあまり関係なく、日あたりや棲息環境の違いであろう。高根ヶ原(標高1714-1880 m)は標高が低いが、ちょうど東西の風の通り道になっており、季節を問わず霧がかかることが多い。そのため羽化が遅れるようである。逆に小白雲岳(標高1966 m)では標高が高いにもかかわらず日あたりがよく、羽化が早い。

コマクサ平(標高1820-1840 m)は大雪山系で最も羽化の早い場所の1つで、冬季でもほとんど積雪がない風衝地である。高山植物の芽吹きや開花なども、山系ではいちばん早いと思われる。

だいたい、♂が♀より1週間ほど早く羽化をはじめる。♀より後に♂が羽化したり、最初の羽化を観察してから1カ月以上経って♂が羽化する場合があり、単に融雪時期の遅延だけによるものとは思えない。7月中-下旬にも新鮮な個体を見ることがある。一般に8月にはいると、生き残りの汚損した個体がめだつようになる。それでも稀に8月に新鮮な個体が見られ、小佐々ほか(1955)によると、8月13日に美しい♀を観察している。天候の不順な年などは長期にわたって羽化する傾向が強く、初見から終見日まで実に2カ月近くも経過することがある。

数年に一度ぐらいの割合で、8月下旬から9月にかけてごく一部が羽化することがある。これは蛹で越冬すべきところへ、休眠せずに1シーズン早く羽化したものと思われる。保田(1974)によると次のような記録がある。いずれもその数日前に霜が下りたり、雪が降り気温が下がっている。その後に気温が上がり、羽化したものと推定される。大雪山での初雪は例年9月15日前後であるが、降っても数日で融けてしまう。根雪になるのは、10月になってからである。

1969年9月14日(黒岳山頂)：9月11日に初雪

1971年8月23日(黒岳山頂)：8月18日に初霜

1973年9月8日(黒岳山頂)：9月5日に初霜

私も1986年9月2日(黒岳山頂から20 mほど層雲峡寄りの登山道)に、羽化したばかりの新鮮な♀を観察している(渡辺、1987 a)。

また、1950年5月10日に、旭川市神居古潭(標高84 m)で2♂♂が採集されている(石川・秋山、1955)。さらに山麓の安足間でも目撃されているといわれる(舘山・小野、1958)。このような低標高地に棲息するとは考えられず、偶産と考えられる。蛹が流されたという説もあるが、むしろ盗栽された高山植物に幼虫か繭(蛹)がついていたなど、人為的な理由によるものであろう。羽化時期も異常に早く、高山帯で羽化したものではない。

次に年度別羽化状況を示す。天候状況や私自身の都合により必ずしも記述の日から成虫の羽化がはじまったとは限らない。とくに記述がない限り私自身の観察である。

写真19　羽化直後

2. 年度別の羽化状況

1975年7月13日（コマクサ平，赤岳-小泉岳：交尾）
1976年6月2日（黒岳：田淵行男が観察）
　　　7月14日（赤岳-小泉岳：成虫）
1978年7月5日（コマクサ平：産卵）
　　　7月9日（小白雲岳：♀の羽化）
1979年6月9日（コマクサ平：成虫は見られず）
　　　6月14日（コマクサ平：♂，♀の羽化）
1980年6月11日（コマクサ平：♂の羽化）
　　　7月9日（小白雲岳：産卵）
1981年6月11日（コマクサ平：成虫は見られず）
　　　6月27日（コマクサ平：♀の羽化，交尾）
　　　7月18日（小白雲岳：汚損した♂）
　　　7月30日（緑岳：♀の産卵）
1982年7月5日（北海沢-北海岳：成虫）
　　　7月7日（コマクサ平：産卵），
　　　　　　（赤岳：♂，♀）
1983年6月12日（コマクサ平：成虫は見られず）
　　　6月23日（コマクサ平：♀の羽化）
　　　7月7日（コマクサ平：♂の羽化）
　　　7月14日（高根ヶ原：羽化不全の♀）
　　　7月15日（コマクサ平：まだ生蛹がある）
1984年6月17日（コマクサ平：♀の産卵）
　　　7月9日（小白雲岳：♂，♀）
　　　7月22日（トムラウシ山：産卵）
1985年6月11日（コマクサ平：♂の羽化）
　　　7月27日（忠別岳：成虫）
　　　7月28日（小白雲岳：汚損個体）
1986年6月4日（コマクサ平：まだ羽化せず）
　　　6月21日（コマクサ平：♀の羽化）
　　　7月21日（白雲小屋前：新鮮な♀）
　　　8月3日（小泉岳：汚損個体）
　　　8月10日（緑岳：汚損した♀）
　　　9月2日（黒岳頂上直下：新鮮な♀）
1987年6月28日（北海沢-北海岳）
　　　7月6日（赤岳：新鮮な♂）
　　　7月13日（高根ヶ原：産卵）
1988年6月21日（コマクサ平：成虫）
　　　6月30日（小白雲岳：交尾）
1993年6月18日（コマクサ平：♂，♀）
1995年6月18日（コマクサ平：交尾，産卵）
1996年6月17日（コマクサ平：交尾）
1998年5月23日（コマクサ平：山本直樹が観察）
　　　5月31日（コマクサ平：成虫）
　　　6月14日（コマクサ平：♀の羽化）

3. 交尾と産卵

　交尾は♀の羽化直後のことが多いが，必ずしも羽化当日とは限らず，翌日に交尾をもちこす場合もある。♂は♀より1週間程度早くから羽化をはじめ，朝6時ごろからハイマツの周辺を飛ぶ。明らかに蝶道をつくっているように見え，♀を探しているらしい。むしろこのような場所では，羽化したばかりの♀は少ない。それでもフラフラと飛んできた♀を追飛し，♀がハイマツにとまって交尾が成立したのを観察したことがある。また，羽化したばかりの未交尾の♀が，ハイマツにとまっていることがある。

　早朝はハイマツの周辺に生えるキバナシャクナゲで吸蜜することが多い。そのうち飛翔活動が活発になると，岩礫地や砂礫地に生えるイワウメやミネズオウでも吸蜜する。イワウメなどが咲いていない時期には，ウラシマツツジで吸蜜することが多い。このころから，未交尾の♀と出会う確率がより高くなる。吸蜜植物については，別項にまとめた。また，♂♀ともに地上で吸水したり，葉やキバナシャクナゲなどの花弁についた露を吸うことがある。

　交尾ずみで交尾後付属物をつけた♀にも，♂が交尾しようと迫ったり，交尾中のペアに別の♂が割り込んで交

写真20 交尾

尾しようする。

　午前10時から12時ぐらいにかけて交尾する番(つがい)をよく見る。交尾中は，おもに高山植物や砂礫地，岩礫の上にとまっている。交尾飛翔形式は←♀＋♂で，♀が♂を引っ張って飛ぶ。♀が羽化したばかりだと，あまり飛べない。♀が♂を引きずりながら，地上や岩礫の上を歩きまわったり，吸蜜活動をすることもある。交尾時間は，40分から70分ぐらい。交尾の最中に気温が下がると長くなり，2時間をこえる。ときには一昼夜以上も交尾を続けた場合があった。交尾の後半になると，♂が自身の分泌物を腹端からだして，袋状の交尾後付属物をつくる。交尾が終わり分離すると，♂はすぐに飛び去ることが多いが，♀はしばらくその場所に留まる。

　交尾後の♀は翌日ぐらいから産卵をはじめる。おもに，午前10時から正午前後にかけて，卵を産むことが多い。母蝶はコマクサの周辺に飛来すると，まず葉に前脚で触れたり，その周囲を歩きまわる。やがて砂礫や岩礫の裏面や側面に腹部を差し込んで曲げ，1卵ずつ産む。ときに2-3卵続けて産むことがある。掌大の岩礫に複数の卵がついていることがあるが，これは繰り返し産卵によるものが多い。卵の付着力は弱く，すぐに剥離することがある。また，食草のコマクサの葉や茎に直接産卵したり，高山植物の枯れ葉や枯れ枝，ハナゴケ類などの他物に産む場合がある。コマクサは多年生草本で，晩秋には地上部が枯れてしまう。生葉に産むことはまったく意味がな

写真 21　産卵

く，葉や茎が枯れると風で吹き飛ばされてしまう可能性が高い。

　国外での産卵観察例は少ない。根本(1995)はロシア・アムール川中流のシンガンスクにおいて，ssp. *felderi* の産卵を4例観察している。それによると「♀はすーと落ちるように草むらに入り，かなりの時間歩き回って産卵によいポイントを探し回っていた。1例のみ草むらに降りて，即緑色の葉の上に産卵した」と報告している。食草と思われるカラフトオオケマン *Corydalis gigantea* との関連はわからない。この観察結果をみると，アムール川流域では，日本においてのヒメウスバシロチョウやウスバシロチョウの産卵行動によく似ている。

第 7 章　食草と吸蜜植物

植物の命名法は動物のそれとはまったく独立したもので，植物命名規約に因る。例えば，ツツジ科植物のアセビの学名は *Pieris japonica* で，この属名の *Pieris* は，オオモンシロチョウ属 *Pieris* とまったく同じであるが，異物同名にはならない。また，植物の命名はリンネの『Species plantarum 植物の種』(1753 年)全 2 巻を基にしている。この本では世界中の植物，約 7300 種が記載されている。現在では植物の総種類数は 30 万種以上と推定されている。

植物では，動物の命名規約において現在認められていない変種や品種の命名も存在する。植物の分類法は日進月歩で，とくに葉緑体の DNA 解析による系統分類が確立すれば，現在の定説が覆る可能性もある。ここでは，最も新しいとされる分類法(清水ほか，1994)に基づいて，食草や吸蜜植物について解説する。

食　　草

ウスバキチョウの食草としては，被子植物門 Magnoliophyta・双子葉植物綱 Magnoliopsida・離弁花亜綱 Magnoliidae・モクレン下綱 Magnoliatae・ケシ目 Papaverales・ケマンソウ科 Fumariaceae の，キケマン(エンゴサク)属 *Corydalis* とコマクサ属 *Dicentra* のコマクサ *Dicentra peregrina* var. *pusilla* が知られている。大雪山系においてはコマクサを食草としているが，国外においては現在の知見ではコマクサ属を食草とする記録はなく，すべてキケマン属である。

植物の系統分類ではキンポウゲ目やウマノスズクサ目・クスノキ目・モクレン目などと同じ離弁花亜綱に含められ，双子葉植物のなかでは比較的原始的な部類にはいる。従来の植物分類では，ケシ科 Papaveraceae またはケマンソウ亜科 Fumarioideae に含められていたが，いわゆる一般のケシ類とは花の形態がずいぶん異なる。ケシ類には，モルヒネ(麻酔剤・鎮痛剤)の原料となるアルカロイドを多量に含む種類がある。離弁花亜綱の多くがアゲハチョウ科の食樹や食草になっているのが興味深く，植物に含まれている成分に共通点があるのかもしれない。しかし，植物の系統分類や進化については諸説があり，今のところ，どれが原始的な種類かを決定するのは難しい。

コマクサ属は花弁が 4 枚で，外側の 2 枚は基部で膨らみ，先が細くなって花が咲くと外側に反り返る。内側の 2 枚は先端が膨らみ，互いに接して花冠の中心部に突きでる。雄蕊は 6 本，雌蕊は 1 個。萼片は 2 枚で小さい。

アフリカ大陸北部，ユーラシア大陸から北米大陸にかけて，およそ 12-19 種類ほどが知られている。なかでも北米大陸において最も繁栄し，10 種類ぐらいが分布する。日本ではコマクサ以外は自生していない。サハリン(樺太)産をカラフトコマクサとも呼ぶが，コマクサと同じ種類である。

北米大陸に分布している *Dicentra eximia* は花が赤紫色で，その形態がコマクサによく似る。同属の近似種と

してはケマンソウ Dicentra spectabilis があり，中国・朝鮮半島などの温帯地域に分布している。日本では園芸植物として栽培されている。ケマン(華曼)とは仏前に供える装飾品の一種で，金属を透かし彫りにしたものである。これに花の形が似ているため名づけられた。高さは60 cm ぐらい，淡紅色の花をつける。別名をフジボタン，ケマンボタン，タイツリソウという。

いっぽうキケマン(エンゴサク)属は，花の構造がコマクサ属とやや異なり，花弁は4枚で上花弁は先が反り返り，後ろは中空で膨らみ，距と呼ばれ，鶏の蹴爪のように飛びでる。下花弁は舌状に前へ突きでる。内花弁は2枚で小さく，上端が癒合する。鱗翅目などの昆虫類がしばしば吸蜜に訪れる。

ユーラシア大陸から北米大陸にかけて広く分布し，現在430種類ほどが知られている。とくにヒマラヤ山脈周辺の高山帯に多くの種類が分布しており，チベットを含む中国大陸だけでも，約290種類ぐらいが分布する(西蔵植物誌Ⅱ，1985)。日本にはエゾエンゴサク(カラフトエンゴサク) Corydalis fumariaefolia，ヤマエンゴサク Corydalis lineariloba，ミチノクエンゴサク Corydalis capillipes，ジロボウエンゴサク Corydalis decumbens など20種が分布している。花の色は黄色，紫色，赤紫色，紅色，青色，白色などさまざまで，葉の形態も変化に富んでいる。高山性のものは丈が非常に小さいが，低標高地や樹林帯に生える種類は大型化する傾向がある。エンゴサク(延胡索)と呼ばれるものは，地中の塊茎を乾燥させ，鎮痛剤や強壮剤などの漢方薬として用いる。やはり，その成分にアルカロイドを含んでいる。和名の語尾には，ケマンとかエンゴサクとつく場合が多い。中国では紫菫属と呼ばれる。

なおウスバキチョウと深い類縁関係にあるクロディウスウスバ(オオアメリカウスバ)の食草は，ケシ科コマクサ属のハナケマンソウ Dicentra formosa と Dicentra uniflora とされている (Scott, 1986)。またアラスカエンゴサク Corydalis pauciflora，Corydalis scouleri の記録もある (Tyler et al., 1994)。クロディウスウスバがキケマン属のほかに，コマクサ属を食草にしているのは非常に興味深い。

さらにウスバキチョウの近縁種であるアルタイウスバの食草は，キケマン属の Corydalis nobilis である (Tuzov et al., 1997)。

1. コマクサ(駒草)

コマクサ Dicentra peregrina var. pusilla は，ほかの

写真22　コマクサ

植物があまり生えない高山帯の岩礫地や砂礫地に群落をつくる。多年生草本で，高さは5-20 cm ぐらい。茎は長くのび，葉は羽状で長さ6-10 cm，細かく線状に裂け，やや肉厚の長楕円形で粉白緑色である。花茎は高さ5-10 cm，その上部に2-7個ずつぶら下がるような状態で花をつける。花冠は淡紅紫色で，長さ2 cm ぐらい。根は太いヒゲ状で，周囲に長くのびる。花の形が細長い馬面に似ているため，駒(子馬の意味)草と名づけられた。学名の種名は"外国の"あるいは"広く分布する"の意味。

稀に白花(淡黄白色)のものや，濃紅色の花をつけた株を見る。例年，6-8月ごろに花が咲くが，花の構造上，あまり訪花する昆虫はいない。花の基部付近に小さな穴をあけて盗蜜するのはエゾオオマルハナバチ Bombus hypocrita が主であろう。ごく稀に，エゾシロチョウ(樹林帯から飛んできた個体)やウスバキチョウなどが吸蜜することがある。

9月になると1cm ほどの長さの果実(蒴果)をつけ，なかは2室に分かれ，たくさんの細かい腎形の黒色の種子がある。高山植物の女王として人気が高く，しばしば盗栽されるが，園芸店では種から栽培したものを販売している。日本では自然状態のものはほとんどが高山帯に生え，特別保護地区などの採取規制を受けている。

双子葉植物ながら，芽生えのときには細長い子葉が1枚でるだけである。本州以南の平地で栽培するのは難しいが，自然状態より茎が長くのびる。

古来より薬草とされ，腹痛などを抑える効果がある。葉や根などにアルカロイドを含み，麻酔作用をもつ。

コマクサは環日本海・オホーツク海型(コメバツガザクラ型)の分布をしており，国外ではサハリン(樺太)，千島列島(南千島)，カムチャツカ半島，ロシア連邦・沿

海州，オホーツク海沿岸地域にかけて分布する。サハリンでは標高1200 m 以上に見られる（玉貫，1969）。

ロシア連邦・沿海州で私たちが観察した範囲内では，ウスバキチョウが棲息していた場所においてコマクサは見られなかった。

いっぽう，サハリンや南千島，カムチャツカ半島（確実な記録がない）ではコマクサが自生するものの，これまでのところウスバキチョウの報告はなく，食草としての記録もない。つまりコマクサを食草としているのは，日本だけである。

日本での分布は，本州の御嶽より東の中部山岳，木曽駒ヶ岳，越後山脈の燧ヶ岳，蔵王山，東北地方（秋田駒ヶ岳，岩手山），北海道では大雪山系のほか，ニセイカウシュッペ山系の平山，知床山系知円別岳・東岳，阿寒富士，日高山脈のペンケヌーシ岳（標高1750 m：日高山脈ただ1カ所の産地）の高山帯に見られる。大雪山系では然別火山群の東ヌプカウシ山のダケカンバ林で囲まれた裸地において，コマクサの群生地が確認された。しかし盗採にあって，現在ではほとんど残っていない。低標高地の樹林帯での自生地として注目されていた（伊藤・梅沢，1981）。本州ではウスバキチョウの記録はなく，北海道でも大雪山系以外には棲息していない。旭川市神居古潭で偶産の記録があるが，付近にコマクサの自生は知られていない。しかしながら，北海道では平地でも植物園や民家の庭園などで，しばしば栽培されている。

2. カラフトオオケマン（カラフトケマン）

カラフトオオケマン *Corydalis gigantea* はエンゴサク属のなかで，最大種の1つであろう。普通，丈は60〜80 cmぐらいで，ときに1 m 以上になる。おもに渓流ぞいのカラマツ林や針-広混交林など，湿地に群生する多年生草本。6-7月に花が咲き，淡紅色や紅色で総状につく。葉は黄緑色で羽状，楕円形や披針状に裂ける。種小名は"巨大な"を意味している。

ロシア連邦・沿海州（アムール川・ウスリー川流域），サハリン（樺太），中国東北部（大興安嶺），朝鮮半島北部などに分布する。これまでにウスバキチョウの記録はないが，白頭山（中国側では長白山）にも自生する（李，1991）。また，アムール川の河口に近いニコライエフスク・ナ・アムーレ付近の山でも見られた。ロシア連邦・沿海州地域ではウスバキチョウの分布圏より広がっているとみられナホトカの近くのアニシモフカ Anisimovka の山中でも確認されている（永幡，私信）。アムール川流域のものは var. *amurensis* Regel とされ，中国大興安

写真23　カラフトオオケマン

嶺産はこれに含められている（今西，1952）。

アムールモンキチョウ *Colias tyche* やミヤマモンキチョウ *Colias palaeno* がその花で吸蜜するが，ウスバキチョウの吸蜜活動は観察されなかった。なお，ゴルヌィではこの植物の根元に♀が潜り込み，産卵するような行動をとっていた。

ただし同所ではほかにも日本のエゾキケマン *C. speciosa* に似た，黄色の花をつけたキケマン属の一種が見られたが，ウスバキチョウの食草となっているかどうかはわからない。おそらく数が少ないので，その可能性は薄いだろう。

クレンツォフ（Kurentzov, 1970）によると，ロシア連邦・沿海州地域においてウスバキチョウの食草となっている。ロシアでは別種とされることもある ssp. *felderi* の食草は，低標高地に生えるエンゴサク類（種類については記述がない）で，ssp. *maui* の棲息下限はそれよりも高標高に自生するカラフトオオケマンの分布に一致するという。しかしながら近年の図鑑類（Tuzov *et al.*, 1997）では，両方とも食草はカラフトオオケマンとされている。根本（1995）の報告でも，ssp. *felderi* の産地では，この植物が多かったと記されている。

またヒメウスバシロチョウは，ロシア連邦・沿海州地域において本種を食草としているとされる。サハリンでは，エゾエンゴサク（カラフトエンゴサク）を食草とする記録がある（堀・玉貫，1937）。

大興安嶺ではほかにシベリアキケマン *C. sibirica*，チョウセンエンゴサク *C. turtschaninovii* の報告がある（今西，1952）。後者は韓国の植物図鑑にも掲載されており，低山地にも生えるらしい。別名は玄胡索で，エゾエンゴサクに似る。これらのことから，大興安嶺でもカラ

フトオオケマンが食草になっている可能性が高い。
日本では北海道・富良野市の夕張山系の渓流ぞいに，ごく近縁のエゾオオケマン *C. curvicalcarta* が自生する。きわめて産地が少なく，分布が極限される。丈は前種同様に，1m以上になることがある。花の咲きはじめは白色に近く，しだいに紅色を帯びる。原記載では白色とされた。植物の形態などはカラフトオオケマンとよく似ている。

3. アラスカエンゴサク

アラスカエンゴサク *Corydalis pauciflora* はおもにツンドラ地帯(tundra：凍土帯)や，高山草原(alpine-meadows)に生える，多年生草本である。高さは7.5-12.5 cmで，ときに18 cmぐらいにもなる。葉は楕円形に裂け，花茎が地上からでる。6月中旬から7月中旬にかけて，赤紫色の花を3-4個つける。英名のFew flowered Corydalis は"数個の花をつけるキケマン類"の意味で，学名の種名も"少ない花の"を意味する。ノームでは，草原より窪地や谷間のヤナギ科などの灌木の根元に生えていることが多かった。数本ずつまばらに生え，非常に丈が低く大きな群落は見られない。

いっぽう，イーグルサミットでは小川ぞいのミズゴケ帯に10-20株まとめて生えたり，土手の斜面に生える(景浦・矢田，1995)。

ユーラシア大陸の極地や山地，アラスカ，カナダ北部などに分布する。クロイツベルク(Kreuzberg, 1987)によれば，アルタイ山脈ではウスバキチョウの食草になっているという。カナダ・アラスカ地域での主要な食草である。

ウスバキチョウの棲息地では，本種以外のキケマン属の植物は見られなかったが，図鑑では黄色の花をつける *C. aurea* や，コマクサの花のような形態で，先端が黄色を帯び桃色の花をもつ *C. sempervirens* などが載っている。後者は花の形から，むしろコマクサ属にはいるかもしれない。いずれも道端や荒れ地などに自生するものである(Pratt, 1991)。

4. ムラサキケマン，ケマンソウ

ウスバキチョウの代用食として低地のムラサキケマン *Corydalis incisa* やケマンソウ *Dicentra spectabilis* を与えると食べるが，蛹化にはいたらないことが多い。食草として不適切なのか，あるいは平地での飼育が困難なのかわからないといわれる(五十嵐，1979)。私はチベット地域において高地性のウスバシロチョウ属を数種類について飼育したが，終齢幼虫になって死ぬことが多い。幼虫は亜高山性のキケマン属でもよく摂食する。その死亡原因は食草の種類よりも，むしろ湿度過多や日照不足によるものと推定される。もともとこの仲間は，乾燥した日あたりのよい場所に棲息するものが多いからである。ミカドウスバ(インペラトールウスバ)は容易に蛹化するが，羽化しても翅が完全にのびないことが多い。老熟幼虫を飼育すると，うまく蛹化する。

5. 産地別の食草植物

日本・大雪山系：Ssp. *daisetsuzanus*
コマクサ *Dicentra peregrina* var. *pusilla*
内田(1942)による。

ロシア連邦・沿海州：Ssp. *maui*, ssp. *felderi*
カラフトオオケマン(カラフトケマン) *Corydalis gigantea*
Graeser (1890), Kurentzov (1970)による。

ロシア連邦・アルタイ山脈：Ssp. *altaicus*
アラスカエンゴサク *Corydalis pauciflora*
Kreuzberg (1987)による。

ロシア連邦・サハ共和国：Ssp. *septentrionalis*
エンゴサクの一種 *Corydalis paeonifolia*，エンゴサクの一種 *Corydalis gorodkovi*
Korshunov & Gorbunov (1995)による。

写真24 アラスカエンゴサク

ロシア連邦

ホッキョクエンゴサク *Corydalis arctica*，アラスカエンゴサク *Corydalis pauciflora*，エンゴサクの一種 *Corydalis paeonifolia*，エンゴサクの一種 *Corydalis gorodkovi*

Tuzov et al.(1997)による。

アメリカ合衆国・アラスカ：Ssp. *thor*

アラスカエンゴサク *Corydalis pauciflora*

景浦・矢田(1995)による。

Ehrlich & Ehrlich(1961)にカラフトオオケマン(カラフトケマン) *Corydalis gigantea* の記録があるが，この植物がアラスカに分布するという報告はなく，食草になっているとは思えない。ロシア連邦・沿海州での記録(Kurentzov, 1970)を引用したものと思われる。これはハウ(Howe, 1975)や岩本・猪又(1988)にも孫引きされている。タイラーらの『Swallowtail Butterflies of the America アメリカのアゲハチョウ科』(Tyler et al., 1994)では食草として *Corydalis* ? としているだけで，具体的な植物名は挙げていない。少なくとも1992年ごろまでは，食草の正確な報告がなかったものと思われる。

五十嵐(1979)では *C. gigantea* (アラスカ産)として本種と思われる写真が掲載されている。明らかにアラスカエンゴサク *C. pauciflora* の同定誤りであろう。景浦・矢田(1995)は両者を同じ植物だとしているが，決して同一種類の植物ではない。

カナダ・ユーコン準州：Ssp. *thor*

アラスカエンゴサク *Corydalis pauciflora*

斎藤(1997)にキノヒル産の3齢幼虫(推定)と食草の写真が掲載されている。食草は明らかに本種で，湿地に多いと記されている。

吸蜜植物

1. 吸蜜植物

ウスバキチョウの成虫はさまざまな種類の植物の花で吸蜜する。おもに草本の花であるが，ウラジロナナカマドやヤナギ類など樹木の花で吸蜜することもある。必ずしも棲息地で最もたくさん見られる種類とは限らず，花の丈や大きさ，構造や色などが重要なポイントになる。地域によって，あるいは亜種により嗜好が異なるように思われる。棲息している場所や環境も大いに関係するであろう。ウスバキチョウが食草としているコマクサは蝶にとって吸蜜しにくいものらしく，ほかの種類が訪花するのはたいへん稀である。また，蝶の羽化時期と花の開花期が一致していることも必要十分条件で，大雪山では年によっては，互いの時期が大きくずれる場合がある。

花の色はだいたい紅色や赤紫色系統を好む傾向があり，白色や黄色の花にもよく訪れる。大雪山ではギフチョウと同じように，青色の布に♂が引きつけられるのを観察している。ウスバシロチョウ属の白色系の蝶がよく引かれる白色には，ウスバキチョウはとくに飛来することはなかった。

食草であるコマクサの花にとまることはあるが，吸蜜することはきわめて稀である。大雪山ではミネズオウ，キバナシャクナゲ，イワウメをもっとも好み，ロシア連邦・沿海州ではエゾスカシユリの花粉を翅や胴体につけている個体が多く，クサフジやヤナギランの花でよく吸蜜した。

大雪山，ロシア連邦・沿海州での記録は大部分が渡辺(1985, 1996, 1997)によるものである。アラスカ・カナダでの記録はおもに昆野(1992)，朝鮮半島の記録は佐々(1961)，中国での記録は廣川ほか(1995)によった。

植物分類からみると，双子葉植物綱のキク亜綱(キク目・ナス目・マツムシソウ目・ゴマノハグサ目・リンドウ目)・バラ亜綱(セリ目・フトモモ目・マメ目・バラ目)・ビワモドキ亜綱(サクラソウ目・イワウメ目・ツツジ目・フウチョウソウ目・ヤナギ目・スミレ目)・ナデシコ亜綱(ナデシコ目・タデ目)・モクレン亜綱(ケシ目・キンポウゲ目)，そして単子葉植物綱のユリ亜綱(ユリ目)まで，広く吸蜜していることがわかる。大雪山ではバラ目のツツジ科植物の花をとくに好む傾向がある。

写真25 吸蜜さまざま。1：ミネズオウで♂(コマクサ平)，2：エゾタカネツメクサで♂(小泉岳)，3：クサフジで♂(ヴィソコゴルヌィ)，4：キバナシャクナゲで♂(コマクサ平)，5：イワウメで♂(コマクサ平)，6：マルバシモツケで♂(ゴルヌィ)

2. 産地別の吸蜜植物

日本・大雪山系
マツムシソウ目
　〈オミナエシ科〉 チシマキンレイカ(タカネオミナエシ：黄)
ゴマノハグサ目
　〈ゴマノハグサ科〉 ホソバウルップソウ(青紫)，ヨツバシオガマ(紅紫)，キバナシオガマ(黄)
リンドウ目
　〈リンドウ科〉 ミヤマリンドウ(青紫)，リシリリンドウ(青紫)
セリ目
　〈セリ科〉 シラネニンジン(チシマニンジン：白)
バラ目
　〈バラ科〉 チョウノスケソウ(淡黄白)，チングルマ(淡黄白)，ウラジロナナカマド(白)
サクラソウ目

〈サクラソウ科〉 エゾコザクラ(紅紫)
イワウメ目
　〈イワウメ科〉 イワウメ(淡黄白)
ツツジ目
　〈ツツジ科〉 キバナシャクナゲ(黄)，カラフトイソツツジ(イソツツジ，エゾイソツツジ：白)，ヒメイソツツジ(白)，ミネズオウ(淡紅)，エゾツガザクラ(淡紅)，アオノツガザクラ(淡緑黄白)，エゾツツジ(紅紫)，コケモモ(淡紅)，クロマメノキ(淡紅白)，ウラシマツツジ(淡黄)，チシマツガザクラ(淡紅)
ヤナギ目
　〈ヤナギ科〉 エゾノタカネヤナギ(淡黄)
スミレ目
　〈スミレ科〉 エゾタカネスミレ(タカネスミレ：黄)
ナデシコ目
　〈ナデシコ科〉 エゾタカネツメクサ(白)，エゾミヤマツメクサ(白)，エゾイワツメクサ(白)
ケシ目
　〈ケマンソウ科〉 コマクサ(淡紅紫，紅紫)
キンポウゲ目
　〈キンポウゲ科〉 エゾノハクサンイチゲ(白)

ロシア連邦・沿海州
キク目
　〈キク科〉 セイヨウノコギリソウ *Achillea millefolium*(白)，キオン属ハンゴンソウの一種 *Senecio* sp.(黄)
マツムシソウ目
　〈オミナエシ科〉 カノコソウ *Valeriana fauriei*(淡紅)
　〈ゴマノハグサ科〉 ゴマノハグサ科の一種？ Scrophulariaceae?(青紫)
ナス目
　〈ハナシノブ科〉 ハナシノブの一種 *Polemonium* sp.(淡紫青)
セリ目
　〈セリ科〉 エゾニュウ *Angelica ursina*(白)，カラフトニンジン属の一種？ *Conioselium* sp.?(白)
フトモモ目
　〈アカバナ科〉 ヤナギラン *Epilobium angustifolium*(紅紫)
マメ目
　〈マメ科〉 クサフジ *Vicia cracca*(赤紫)，ムラサキツメクサ(アカツメクサ) *Trifolium pratense*(赤紫)
バラ目
　〈バラ科〉 ホザキシモツケ *Spiraea salicifolia*(淡紅)，マルバシモツケ *Spiraea betulifolia*(白)，エゾシモツケの一種 *Spiraea* sp.(白)，ヤマブキショウマ *Aruncus dioicus* var. *tenuifolius*(黄白)
ツツジ目
　〈ツツジ科〉 カラフトイソツツジ(エゾイソツツジ) *Ledum palustre* ssp. *diversipilosum*(白)，ヒメイソツツジ *L. p.* ssp. *decumbens*(白)
ユリ目
　〈ユリ科〉 エゾスカシユリ *Lilium maculatum* var. *dauricum*(橙紅)

アラスカ，カナダ
マツムシソウ目
　〈オミナエシ科〉 カノコソウの一種 *Valeriana capitata*(淡紅)
ツツジ目
　〈ツツジ科〉 ヒメイソツツジ *Ledum palustre* ssp. *decumbens*(白)
フウチョウソウ目
　〈アブラナ科〉 タネツケバナの一種 *Cardamine purpurea*(淡紫)
ヤナギ目
　〈ヤナギ科〉 ホッキョクヤナギ *Salix arctica*(淡黄)，アミメバヤナギ *Salix reticulata*(赤褐色)
スミレ目
　〈スミレ科〉 スミレの一種 *Viola epipsila*(淡青紫)
タデ目
　〈タデ科〉 イブキトラノオ *Polygonum bistorta*(淡紅白)

朝鮮半島・蓋馬高台
ゴマノハグサ目
　〈ゴマノハグサ科〉 クガイソウ *Veronicastrum sibiricum*(青紫)

中国・黒龍江省伊春市
バラ目
　〈バラ科〉 ショウマの一種 *Aruncus* sp.(淡黄白)

第8章 死亡原因と天敵

死亡原因

　普通，蝶では，卵から幼虫，蛹を経て成虫になるのは数％に満たないといわれている。ヒメギフチョウの長野県大町市における調査では，卵から成虫になったのは2.6％と報告されている（倉田，1964）。じつに死亡率は97％以上に及ぶ。ましてや，その全生活史にまる2年，足掛け3年かかるウスバキチョウは，棲息地が大雪山系の高山帯という環境なので，生存条件が低標高地に棲む種類よりはるかに厳しいと考えられる。

　確かに野外で一般の蝶の幼虫を見つけるのは難しいが，ウスバキチョウではコマクサ群落を見てまわれば，すぐに幼虫が見つかる。この30年間に行なった観察時間はきわめて多いものの，天敵に襲われているのを見ることは少ない。ただし低地の種類に比べると，成虫の死骸だけは，よく観察する。次におもな死亡原因を挙げる。

1. 羽化不全

　羽化の失敗をして翅がのびない個体が多い。とくに天候が不順な年には，これがめだつように思われる。棲息地を歩きまわると，翅がほとんどのびていない個体が，バタバタと暴れているのをよく見る。また幼虫の頭部をつけたままで死んでいた個体もあった。これはほかの種類でも記録があるが，羽化時に頭の部分の蛹殻が頭部に付着して離れなかったのであろう。おそらく吸蜜活動ができず，餓死したものと思われる。同じような理由で，羽化不全の個体はすぐに死ぬものが多い。

2. 凍死

　雪渓や砂礫上で死んでいる個体がある。夏遅くまで残る雪渓上では，非常に多くの昆虫の死体が発見される。とくにアメバチ類やテントウムシ類が多く，樹林帯から飛来した種類を含む。ホッキョクモンヤガなどの高山蛾類が死んでいることもある。これらは気温の急激な低下によって飛べなくなり，凍死したのであろう。

　また，とくに外傷が見られず，比較的新鮮な個体が砂礫の上などで死んでいることがある。頭部がないものや，翅だけが散らばっているのはクモなどの天敵による仕業だと思われる。可能性としては，気温の低下による凍死か，吸蜜などで栄養を摂取できないことによる餓死であろう。

3. 天敵

　死亡原因としては，これが最も多い。成虫を1日中継続して観察できないので，実際に天敵に襲われた観察例は少ない。とくに，アシマダラコモリグモなどの歩行性クモ類やクロクサアリなどのアリ類による成虫の被害がめだつ。このクモ類やアリ類はコヒオドシなどほかの昆虫にとっても天敵となる。幼虫では鳥などによる捕食が顕著である。哺乳動物のシマリスは雑食性で，しばしば蝶や蛾の成虫を食べる。灯火採集の名残の蛾類の死骸を放置していたら，シマリスがきてさかんに食べていた。あるいはウスバキチョウも，食べられているのかもしれない。

　しかし何といっても，人間が最大の天敵である。とくに本種の場合は……。

4. 越冬

　普通は繭をつくって蛹になるが，ときには地面の上でそのまま蛹になることがある。初めは異常な状態だと思っていたが，数例ずつ毎年のように観察している。そして，このような蛹はほとんどが死んでおり，たいてい表面が少し凹んでいる。その原因についてはよくわからない。さらに繭のなかで死亡するものもあるが，裸で蛹化するものに比べると，それほど多くない。かつては，冬季の積雪による圧死か凍死だと思っていたが，厳冬期の1-2月に棲息地へ行ってみると，風で雪が吹き飛ばされ，地肌がでていた。このことから，圧死とは考えられないであろう。

卵の場合でも孵化しないものが多く，これは冬季に砂礫ごと卵が凍結するので，その影響によるのかもしれない。コマクサの葉や枯れ木などに産みつけられた卵は，風で吹き飛ばされる可能性が高い。やはり越冬というのは，かなり厳しい試練である。

5. 自然死

これも観察例は少ない。ボロボロの個体が観察中に死んでしまったことがある。同様の経験は，ダイセツタカネヒカゲでもある。羽化時期から2-3週間も経つと翅が破れ，黄色が退色したものがめだつ。最後は天敵によって捕食されることが多いのだろう。砂礫地ではよく本種の翅だけが落ちている。

天敵

1. 卵

越冬後，孵化しない卵を見ることがある。その原因はよくわからないが，天敵によるものとは思えない。現在まで，卵寄生蜂などの記録は見あたらないようである。

2. 幼虫

寄生蜂や寄生蠅

私はこれまでに観察したことがない。しかし，小佐々ほか(1955)によるとコマユバチの一種が寄生するという。蝶が蛹化して約8日で腹部関節を破って外部にでて，8-10個の小さな淡黄色繭をつくったが，その後，寄生蜂は羽化しなかったと報告されている。また，小野(1958)によれば，平地産のウスバシロチョウ属より高率で寄生されているとしている。

同じ高山蝶の仲間のダイセツタカネヒカゲや，アサヒヒョウモン，カラフトルリシジミは，かなりの高率でコマユバチ類やヒメバチの一種などの寄生蜂によく寄生されている(田淵, 1978)。私もウスバキチョウ以外では寄生蜂を観察しているが，種名については同定していないのでわからない。

鳥類

ヒタキ科のノゴマなど。幼虫は早朝や夕方以降は石の裏面やガンコウラン，ミネズオウなど矮性高山植物群落の茂みに隠れている。太陽が昇り気温が上昇すると，隠れ場所から這いだしてきて，岩礫や砂礫の上で日光浴をする。このときはまったく無防備で襲われやすい。また，食草のコマクサは砂礫地に単独で生えることが多く，摂食時にもよくめだつ。このような場合にも，しばしば野

写真26　ノゴマ♂

写真 27　ダイセツオサムシ

鳥に狙われる。とくに若齢時より，4-5齢（終齢）幼虫における被捕食率が高いようである。6-7月はちょうど鳥の卵が孵化して，幼鳥が十分な餌を必要とする時期にあたる。

おそらく成虫も餌になっている可能性が高いが，現在までのところ観察していない。

3. 蛹

ダイセツオサムシ Leptocarabus kurilensis daisetsuzanus などによると思われる穴のあいた蛹を見かけることがある。おそらく幼虫なども食べるのであろう。シマリスなどの哺乳動物による摂食も考えられる。

4. 成虫

クモ類
コモリグモ科のアシマダラコモリグモなど。本種は高山性の徘徊性の種類で，岩礫の下などでよく見かける。日中は岩礫地を歩きまわっている。また，円網をつくる種類でも，ウスバキチョウの成虫が引っ掛かっていることがある。赤岳-小泉岳において♂が網にかかり，これを追飛していた別の♂が同じクモの網にかかったのを観察したことがある（1975年7月17日）。ほかにもコマクサ平での観察例がある（1978年7月5日）。クモの種名については不明である。

アリ類
クロクサアリ Lasius fuliginosus によって羽化したばかりの個体や羽化不全で飛べないものが，しばしば襲われる。ときには，産卵している♀や，吸蜜している個体にかみつくこともある。ダイセツドクガの♀などもよく犠牲になっている。胴体が太く，あまり飛べないからであろう。

このアリはクロマメノキなど高山植物の根元などに巣をつくっていることが多い。

人間による被害
本種は国の天然記念物に指定されているが，このことが本種の保護に大きな効果をあげているとは思えない。さらに，食草であるコマクサ自体が高山植物の女王と呼ばれ，盗採されることが多い。とくに小白雲岳では，1986年7月20日ごろに数百株におよぶ盗採を受け，1999年現在，蝶もコマクサもまだ以前のような状態まで回復していない。食草が減れば，当然ウスバキチョウも減少する。

いっぽうコマクサ平では大株のものは少ないが，以前に種を蒔いたものが，花をたくさんつけるようになった。年による数の変動はあるが，成虫の個体数は多い。

第 9 章　分　布

　日本では北海道中央高地の十勝連峰や石狩連峰を含む大雪山系の高山帯(おもに標高1700 m以上)のみに棲息する高山蝶として知られ，国の天然記念物に指定されている。

　国外での分布は，ユーラシア大陸のアルタイ山脈，東サヤン山脈，中央シベリア，ヤブロノフィ山脈，アムール川流域，ロシア連邦・沿海州シホテアリン山脈，オホーツク沿岸，マガダン(ケガリ川上流，コリマ山脈)，チュコト半島，中国東北部(大興安嶺・小興安嶺)，朝鮮半島北部，北米大陸のアラスカ，カナダ西北部などである。

　本章では，(1)原名亜種群，(2)極東亜種群，(3)アラスカ・カナダ亜種群，(4)隔離亜種群の4亜種群に分けて，それぞれの分布について言及する。

原名亜種群

1. Ssp. *eversmanni* [Ménétriès] in Siemaschko, [1850]

Parnassius eversmanni [Ménétriès] in Siemaschko, [1850]
Type locality: Kansk (nec East-Sayan Mts.), Krasnoyarsk territory, Russia.

ロシア連邦
トゥーバ共和国・ブリヤート共和国

　東サヤン山脈 Vostochnyi Sajan，トゥンキンスク山脈 Tunkinsk(Tunkinsk-Weissberge：標高2000 m)，フルガイシャ山脈 Khulugaisha(標高1800-2000 m)，モンディ Mondy(標高2000 m)，チャラ・ダバン Chara-Daban(標高2000 m)，ムンク・サルジク山 Munku Sardyk，バイカル湖 Baikal 周辺，トランスバイカル山脈 Trans-Baikal，ヤブロノフィ山脈 Yablonovy，ボロチョエヴァ Borochojeva，アラダンスキィ山脈 Aradansky

モンゴル人民共和国

　コッソゴル Kosso-Gol，フブスグル湖 Hövsgöl Nuur 北側，ウランタイガ山脈 Uran Taiga

2. Ssp. *altaicus* Verity, 1911

Parnassius eversmanni race *altaica* (sic) Verity, 1911
Type locality: Tschuja Mts., Gornyi Altai Republic, Russia.

ロシア連邦
ゴルヌィ・アルタイ共和国

　オビ川上流アルタイ山脈の一部，チュヤ山脈 Tchuja(Tschuja)の標高1800-2400 mが基産地である。クレイ峠 Kurai(標高2500-2700 m)，ヤルラヤラ川 Yarla-

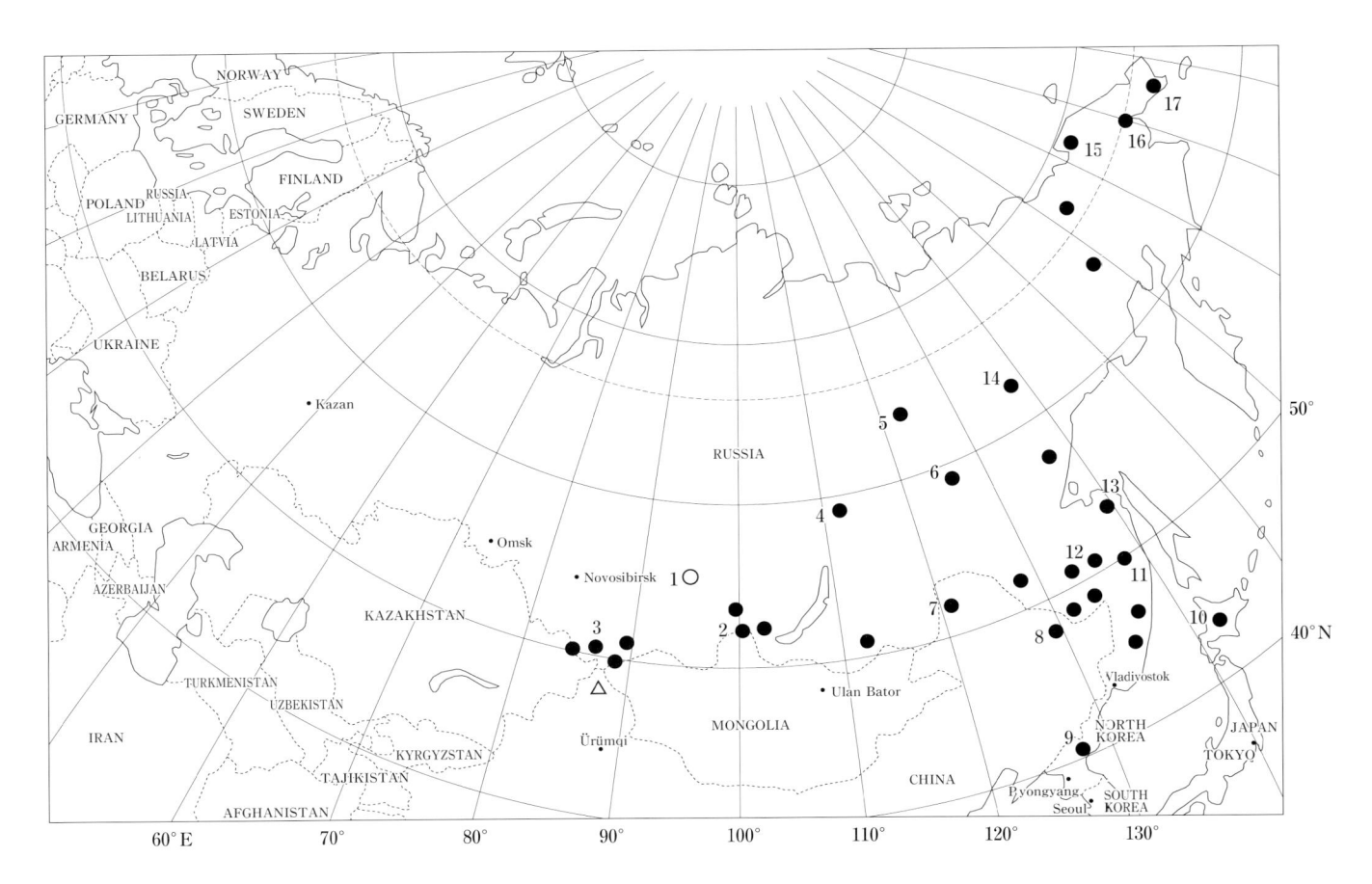

図 23　ユーラシア北部の分布地図。●：確実な記録がある，○：記録はあるが分布するかどうか不明，△：不確実な記録のみ，1：カンスク Kansk（原名亜種の基産地！），2：東サヤン山脈 East-Sayan Mts.，3：アルタイ山脈 Altai Mts.，4：ヴィチム Vitim，5：ヴィリュイ Vilyui，6：トンモト Tommot，7：満帰（大興安嶺），8：伊春，9：蓋馬高台，10：大雪山，11：ヴィソコゴルヌィ Vysokogornyi，12：ゴルヌィ Gornyi，13：ニコライエフスク・ナ・アムーレ Nikolaevsk-na-Amure，14：ベルホヤンスク山脈 Verkhoyansk Mts.，15：ペヴェク Pevek，16：エグベキノット Egvekinot，17：プロヴィデニヤ Provideniya

yara にも記録がある。ほかに，ダルコティ Darkoti，タチェティ川 Tachety（標高 2100 m），アクタシュ Actasch（標高 2500 m）からも知られている。

ルフタノフ（Lukhtanov & Lukhtanov, 1994）によれば，北東アルタイ山脈，南東アルタイ山脈（クレイ山脈 Kurai，サイルユゲム山脈 Sailjugem，チュヤ山脈），中央アルタイ山脈（チョルスン山脈 Cholsun，ウコック Ukok，リストフヤガ山脈 Listvjaga，カトゥンスク山脈 Katunski，テレクティンスク山脈 Terektinski）の標高 2000-2800 m に分布するとしている。

カザフスタン共和国

南アルタイ山脈（サリム・サクティー山脈 Sarym-Sakty），中央アルタイ山脈

モンゴル人民共和国

西部のモンゴル・アルタイ山脈 Mongol-Altai の西北部にも分布する可能性がある。

中華人民共和国

新疆ウィグル自治区のアルタイ山脈 Altai 北西部にも分布すると思われるが，確実な記録がない。ルフタノフ（Lukhtanov & Lukhtanov, 1994）の『Die Tagfalter Nordwestasiens 北西アジアの蝶』にはモンゴルと中国領の両方のアルタイ山脈地域に，分布のプロットがある。

3. Ssp. *septentrionalis* Verity, 1911

Parnassius eversmanni race *septentrionalis* Verity, 1911
Type locality: Vilui Riv., Vitim Riv., Republic of Sakha, Russia.
(= ssp. *lautus* Ohya, 1988)
Type locality: Suntar Chayata Ridge, Verchoyansk Mts., Republic of Sakha, Russia.

ロシア連邦
サハ共和国

レナ川 Lena 流域[オリョークミンスク Olyokminsk,

ヴィリュイ川 Vilui(Vilyui)，ヴィチム Vitim，アルダン川 Aldan 上流（トンモト Tommot）]，スンタール・ハヤタ山脈 Suntar Chayata（キュビュメ川上流 Kyubyume，ヴォストハナヤ・ハンジガ川上流 Vostochanaya Khandyiga）

4. Ssp. *vosnessenskii* [Ménétriès] in Siemaschko, [1850]

Parnassius vosnessenskii [Ménétiès, 1850]
Type locality: Okhotsk (Uchr River, tributary of Aldan River), Magadan Region, Russia.
(=*Parnassius eversmanni magadanus* D. Weiss, 1971)
Type locality: Kegali Rev. (alt.1000 m), Kolimskii Mts., Magadan Region, Russia.
(=*Parnassius eversmanni polarius* Schulte, 1991)
Type locality: Providenia, Pewek, Bilibino, Chukot Autonomous Oblast, Russia.

ロシア連邦
マガダン州
オホーツク Ochotsk（Uchr River, tributary of Aldan River），チュルベラハ Tjurbelach，ケガリ川 Kegali
チュコト自治管区
プロヴィデニヤ Provideniya，ペヴェク Pevek (Pewek)，ビルビノ Bilbino（Severnyi Anyuyskiy, Kavalveem Riv.），エグベキノット Egvekinot

極東亜種群

1. Ssp. *felderi* Bremer, 1861

Parnassius felderi Bremer, 1861
Type locality: Raddeevka (Radde), Jewish Autonomous Oblast, Russia.
(=*Parnassius eversmanni innae* Bryk, 1934)
Type locality: Polovina, Burjea Mts., Amur Region, Russia.

ロシア連邦
アムール州・ユダヤ自治州
ラデ Radde（ラデエフカ Raddeevka），ラデエフカ山脈 Radejevka，オブルーチェ Obluche，シンガンスク Khingansk（マリー・シンガン山脈 Maly-Khingan），ロカレン Lokalen，ビロビジャン Birobidzhan，クリドゥル Kuljdur，ポロヴィナ Polovina，ビリカン Birikan [ブレヤ山脈 Bureya，ヴァンダ山脈 Wanda（ラデの北西）]などアムール川中流地域

中華人民共和国
黒龍江省
小興安嶺 Xiao Chingan，伊春市五営（廣川ほか，1995）。アムール川をはさんで，ブレヤ山脈 Bureya の南西側の地域にあたる。佳木斯，鉄力，清河，郎郷

2. Ssp. *litoreus* H. Stichel, 1907

Parnassius eversmanni var. *litoreus* H. Stichel, 1907
Type locality: Nikolaevsk (Nikolajevsk, Nikolaevsk-na-Amure), Khabarovsk territory, Russia.

ロシア連邦
ハバロフスク州
ニコラエフスク Nikolaevsk（ニコライエフスク Nikolaievsk，ニコライエフスク・ナ・アムーレ Nikolaevsk-na-Amure）。アムール川の河口近くの左（北）岸にある。Ssp. *maui* と同じ亜種とみなせば，分布域はずっと広がるが，本亜種に限定すれば，分布はごく限られる。クレンツォフ（Kurentzov, 1970）は，「極東地域でもっとも広く分布する亜種である」としているが，これはコリマ川中流域までを同じ亜種に含めているからで，明らかに ssp. *vosnessenskii* を無視している。

図24 ロシア連邦・沿海州北部の分布図。1：ゴルヌィGornyi，2：ヴィソコゴルヌィ Vysokogornyi，3：ニコライエフスク・ナ・アムーレ Nikolaevsk-na-Amure

アムール川の下流域では道路が繋がっておらず，船で移動するしかない。記録に残っていないが，おそらく広く分布していると思われる。

3. Ssp. maui Bryk, 1915

Parnassius eversmanni var. *maui* Bryk, 1915
Type locality: Terney, Tjutich (Tjutiché), Ol'ga(Olga Bay), Ussuri Region, Primorsky territory, Russia.

ロシア連邦
沿海州
　テルネイ Terney，チュティヒ Tjutich（チュティヘ Tjutiché：現在のルドゥナヤ川 Rudnaya 下流域のダルネゴルスク Dalnegorsk），オリガ Olga Bay（Ol'ga），ベリオゾフカ Beryozovka（標高 600-900 m），オブラチナヤ山 Oblachnaya（標高 1854 m）

4. Ssp. gornyiensis Watanabe, 1998

Parnassius eversmanni gornyiensis Watanabe, 1998
(=*Parnassius eversmanni mikamii* Ohya and Fujioka, 1997)[homonym]
Type locality: Gornyi (alt. 600-1000 m), Myaochan Mts., Khabarovsk territory, Russia.

ロシア連邦
ハバロフスク州
　ミャオチャン山脈 Myaochan（標高 570-870 m），ゴルヌィ Gornyi（標高 520 m），ゴルヌィ-ソルネチニィ Solnechnyi，フルスタルニィ川 Hrustalnii Creek（alt. 420-440 m），ザムコフ Dzhamkov（アムグニ川 Amgnj）

5. Ssp. vysokogornyiensis Watanabe, 1998

Parnassius eversmanni vysokogornyiensis Watanabe, 1998
Type locality: Vysokogornyi(alt.660 m), Amur Region Khabarovsk territory, Russia.

ロシア連邦
ハバロフスク州
　ヴィソコゴルヌィ Vysokogornyi（標高 610 m），クズネツォフスキー Kuznetsovskij（標高 660-780 m）

アラスカ・カナダ亜種群

1. Ssp. *thor* H.Edwards, 1881

Parnassius thor H.Edwards, 1881
Type locality: Yukon River 800 miles from mouth, Alaska, U.S.A.

完模式標本の産地はユーコン川の河口から800 mile(約1290 km)とされている。

アラスカからカナダのユーコン準州とブリティッシュ・コロンビア州にかけてのユーコン川流域 Yukon，クスコクウィム川流域 Kuskokwim(Holland, 1946)，ベーリング海峡側のノーム Nome，北極海(ビューフォート海)側のブルックス山脈 Brooks のノース スロープ North Slope など。

アメリカ合衆国
アラスカ州

(1) ノーム Nome：Teller Road(mile 18, 28, 42)，Anvil Valley, Taylor Road, Council Road(mile 54)
(2) デナリ国立公園 Denali National Park：Mt. McKinley, Park road
(3) デナリ・ハイウェイ Denali Highway(mile 13-14)のパクソン Paxon-タングル Tangle
(4) スティース・ハイウェイ Steese Highway：12マイル・サミット Twelve-mile Summit(mile 86)，イーグル・サミット Eagle Summit(mile 108：alt.1100 m)
(5) ダルトン・ハイウェイ Dalton Highway：ブルックス山脈 Brooks，エイティガン峠 Atigun(mile 244：alt. 1463 m)，ゲルブレイス湖 Galbraith(mile 274)，アイランド湖 Island(mile 276)，スロープ・マウンティン Slope Mountain(mile 301)
(6) ノース・スロープ North Slope：イヴォチュック山 Ivotuk(near Otuk Creek)
(7) エリオット・ハイウェイ Elliott Highway：ウッケルシャム・ドーム Wickersham Dome(mile 30)，エウレカ Eureka
(8) ノアタック川上流 Noatak，ブルックス山脈 Brooks，キプミック湖 Kipmik

カナダ
ユーコン準州

(1) テイラー・ハイウェイ Taylor Highway のフェアプレイ山 Fairplay(mile 35)
(2) シルバートレイル・ハイウェイ Silvertrail Highway：キノ・ヒル Keno Hill(mile 69)
(3) アラスカ・ハイウェイ Alaska Highway：ニッケル・クリーク Nickel Creek(mile 1111)，クリーク湖 Creek(mile 1152)，ホワイト川 White の3マイル北(mile 1883)，ハイネス・ジャンクション Haines Junction
(4) デンプスター・ハイウェイ Dempster Highway：ノースフォーク峠 North Fork(mile 46)，ブラック・ストーン渓谷 Black Stone(mile 86)，ウィンディ峠

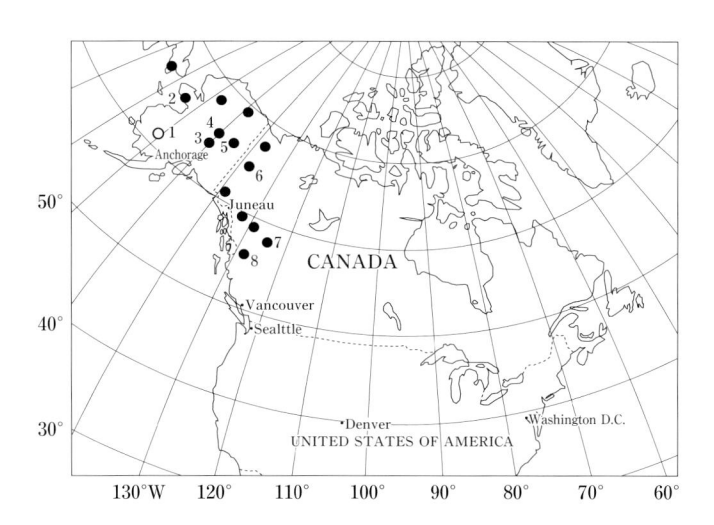

図25 ユーラシア北部の分布地図。●：確実な記録がある，○：記録はあるが分布するかどうか不明，△：不確実な記録のみ，1：ユーコン川河口から100マイル，2：ノーム Nome，3：デナリ国立公園 Denali National Park，4：ユウレカ Eureka，5：イーグル・サミット Eagle Summit，6：キノ・ヒル Keno Hill，7：ピンク・マウンティン Pink Mt.，8：ホードリー・マウンティン Hoardley Mt.

Windy (mile 96)
(5)クロンダイク・ハイウェイ Klondike Highway 2：モンタナ山脈 Montana (mile 52)

ノースウェスト州
(1)リチャードソン山脈 Richardson
(2)セルキルク山脈 Selkirk (Selwyn ?)

ブリテイッシュ・コロンビア州
(1)アラスカ・ハイウェイ Alaska Highway：ピンク・マウンティン Pink Mt. (mile 147)
(2)カッシャー・ハイウェイ Cassiar Highway：ナスロード Nass Road
(3)ホードリー・マウンティン Hoardley Mt. (mile 46)
(4)アトリン Atlin B.C. (5000 ft.)

隔離亜種群

1. Ssp. *sasai* O.Bang-Haas, 1937

Parnassius eversmanni sasai O.Bang-Haas, 1937
(＝*Parnassius everesmani*［！］f. *sasai* Matsumura, 1937)
Type locality: Yurienei (Yurinryong：alt.1300-1900 m), Tyosin(Changjin), Hamgyon Namdo, Democratic People's Republic of Korea（朝鮮民主主義人民共和国咸鏡南道長津郡有麟嶺）．

朝鮮民主主義人民共和国
咸鏡南道 Hamgyon Namdo
蓋馬高台 Kaemagodae の有麟嶺 Yurinryong，白巌山 Paegamsan，赴戦嶺 Pujonryong・赴戦高原 Pujon'gowon，漢垈里 Handaeri-袂物里 Myemulli，袂物嶺 Myemullyong，北谷嶺 Pukongnyong，中江里 Chunggangni-菖倉里 Kuch'angri，西於水里 Soosuri，披水嶺 Pasuryong

平安南道 Pyongan Namdo
狼林山脈 Ranglimsan(Nangnimsan)・臥碣嶺 Wagallyong，臥碣峰 Wagalbong

平安北道 Pyongan Pukdo
厚昌 Huchan，狼林山脈 Ranglimsan(Nangnimsan)

2. Ssp. *nishiyamai* Ohya and Fujioka, 1997

Parnassius eversmanni nishiyamai Ohya and Fujioka, 1997
Type locality: Nizhne Ulugichi, Man-gui, Inner Mongolia A.O., People's Republic of China（中華人民共和国内蒙古自治区呼倫貝爾盟満帰県激流河の支流）．

中華人民共和国
内蒙古自治区呼倫貝爾盟
満帰県激流河の支流ニジネ・ウルギーチ河の支流ソロニース谷，満帰，克一河

3. Ssp. *daisetsuzanus* Matsumura, 1926

Parnassius eversmanni daisetsuzana Matsumura, 1926
Type locality: Mt. Daisetsu, Hokkaido, Japan（北海道大雪山：烏帽子岳，小泉岳，白雲岳，赤岳）．

日本・北海道
表大雪山系
　永山岳，安足間岳，当麻岳，比布岳，鋸岳，北鎮岳，中岳，後旭岳，雲ノ平，桂月岳，ポン黒岳，黒岳，黒岳九合目-頂上，熊ヶ岳，間宮岳，荒井岳，松田岳，北海沢-北海岳，北海岳，北海平，五色岳，烏帽子岳，白雲岳，白雲平(白雲火口)，小白雲岳，白雲小屋付近，赤岳，東岳，コマクサ平，小泉岳，緑岳(松浦岳)，銀泉台(標高1500 m)，高根ヶ原，平ケ岳(北側斜面)，忠別沼北方・1833 m ピーク，忠別岳，化雲岳，小化雲岳，トムラウシ山

東大雪山系
　石狩連峰(ニペの耳；J.P. ジャンクションピーク)-石狩岳，石狩岳，音更山，ユニ石狩岳)，ニペソツ山・天狗岳

十勝連峰
　オプタテシケ山，辺別岳，美瑛富士，白金温泉-美瑛富士避難小屋(標高1400 m)，美瑛岳，十勝岳，上ホロカメットク山，十勝岳温泉分岐，境山，三峰山，富良野岳

旭川市
　神居古潭(標高84 m；偶産，1950.V.10, 2 ♂♂)

第10章　棲息環境と気候

棲息環境

1. 日本・大雪山系：Ssp. *daisetsuzanus*

　大雪山系は1つの山をさすのではなく，大雪山彙ともいえる大きな火山群の集まりである。北海道のほぼ中央にあり，十勝連峰や石狩連峰を含め"中央高地"と呼ぶ。御鉢平は噴火口が陥没したカルデラで，旭岳(標高2290 m)は，今なお噴煙を上げている。北は愛別岳から，南はトムラウシ山までを"表大雪"または"北部・中部大雪"と呼ぶこともある。層雲峡をはさんで東側にある，ニセイカウシュペ山，平山，武利岳・武華岳，屛風岳などを"北大雪"と称する。

　また，J.P.(ジャンクション・ピーク，ニペの耳)・石狩岳・音更山・ユニ石狩岳などの石狩連峰やニペソツ山などを一括して"東大雪"と呼称する。かつては"裏大雪"といわれたこともあるが，現在ではあまり使われていない。

　十勝連峰は北はオプタテシケ山より南は富良野岳まで，北東から南西の方向にほぼ直線上に山脈が連なっている。十勝岳(標高2077 m)は大雪山系で最も活発に噴火活動をしている活火山である。そして，オプタテシケ山の北側は樹林帯をはさんでトムラウシ山につながる。

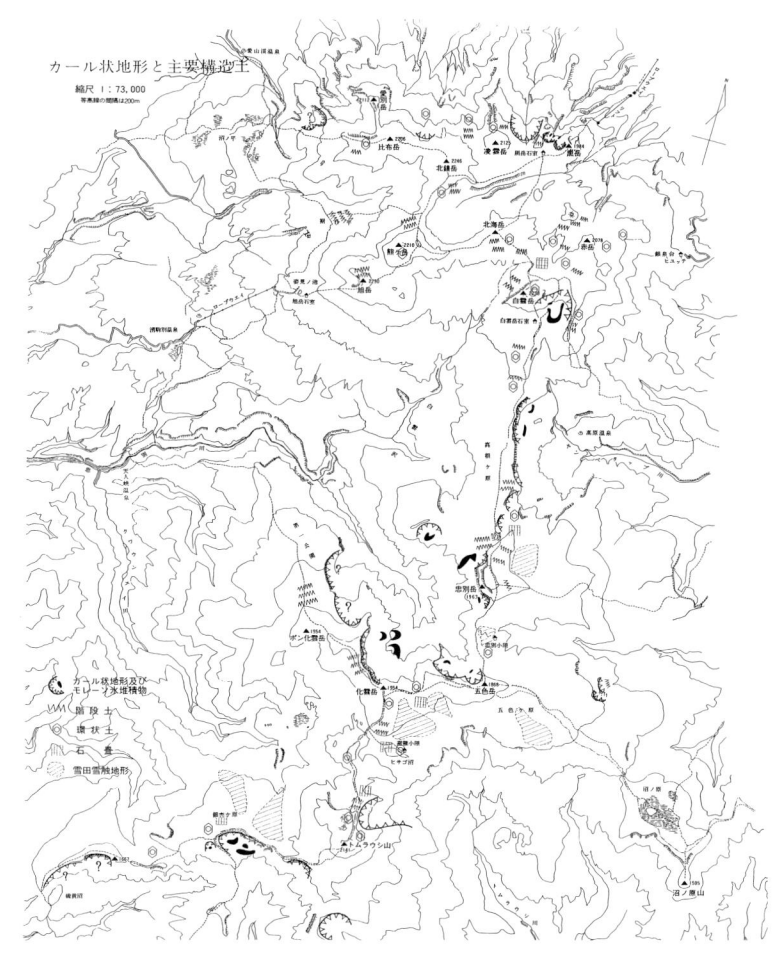

図26　大雪山の地形(写真集・大雪山，1973より)

写真 28 棲息環境さまざま。1：小泉岳山頂，2：北鎮岳から間宮岳・旭岳方面を見る，3：音更山山頂，4：冬の奥の平，5：小白雲岳，6：コマクサ平，7：中岳，8：上ホロカメットク山から富良野岳

ウスバキチョウは，北海道最高峰の旭岳を除く御鉢平の周囲の山々に分布が濃く，高根ヶ原や化雲岳を経て，トムラウシ山まで棲息地が点在する。また，石狩連峰（ニペソツ山をふくむ）や十勝連峰にも分布する。それぞれ棲息環境が異なり，北部・中部大雪地域以外では，一般に個体数が少ない。分布は食草のコマクサの分布に強く依存するが，成虫はコマクサがまったく見られない場所にも飛んでくることがある。棲息地はだいたい標高1800 m以上で，高根ヶ原では例外的に低く，標高1700 mぐらいにも棲息する。

ときには，森林限界以下の低標高地に飛来することがある。赤岳・銀泉台（標高1500 m）や，白金温泉-美瑛岳避難小屋間の登山道ぞい（標高1400 m）において，それぞれ成虫が観察されている（三上，1990）。

なお，旭川市神居古潭（標高84 m）の記録[1950年5月10日]は近くに棲息地がなく，羽化時期も早いので，人為的な偶産として除外される。おそらく高山帯で採取した植物に，老熟幼虫か蛹がついていたのであろう。

伊藤（1973）は北部大雪山高山帯の植生を，以下の10の植物社会に分類している。

1. 高山岩礫地草本植物（砂礫裸地群落）
2. 高山礫原矮性灌木・草本植物（礫原植物群落）
3. 高山風衝地矮性灌木植物社会
4. 高山嫌雪低木植物社会
5. 高山積雪地低木植物社会
6. 高山雪潤草原草本植物社会
7. 高山雪潤渓畔草本植物社会
8. 高山雪田矮性灌木・草本植物社会
9. 高山水湿生植物湿性
10. 高山ササ原

これらのうち，食草であるコマクサと関係が深い植生は，高山岩礫地草本植物（砂礫裸地群落），高山礫原矮性灌木・草本植物（礫原植物群落），高山風衝地矮性灌木植物社会などである。高山岩礫地草本植物は岩礫地や砂礫地で見られ，コマクサ・エゾタカネスミレ・ウスユキトウヒレンが代表的な植物である。それぞれが単独で群落をつくることもある。とくにコマクサはほかの植物が成長してくるとしだいに姿を消すので，裸地に芽をだす先駆的な植物の1つである。以下に，大雪山の高山岩礫地草本植物（砂礫裸地群落）についてみてみよう。

コマクサ-エゾタカネスミレ群集

エゾタカネスミレ亜群集

スミレ科のエゾタカネスミレ，ケマンソウ科のコマクサを主とする植物群落。御鉢平の火口壁周辺の稜線ぞい，小泉岳-緑岳の山頂や稜線ぞいなどに見られる。大雪山の主峰である旭岳（標高2290 m）は大噴火を起こしてから，まだ約200年ほどしか経っておらず，現在でも噴火口から水蒸気や火山性ガスを吹き上げている。山頂付近にはほとんど植生がなく，コマクサは見られない。尾根続きの東側にある後旭岳（小鉢平：標高2216 m）には，コマクサがありウスバキチョウが棲息する。

イワブクロ（タルマイソウ）亜群集

ゴマノハグサ科のイワブクロ（タルマイソウ）を中心とした植物群落。御鉢平の火口壁周辺，北鎮岳，桂月岳，烏帽子岳，赤岳，小泉岳，緑岳，小白雲岳，高根ヶ原などに見られる。

タデ科のヒメイワタデやナデシコ科のエゾイワツメクサ，カヤツリグサ科のダイセツイワスゲなどが混じることがある。

ヒメイワタデ（チシマヒメイワタデ）亜群集

タデ科のヒメイワタデ（チシマヒメイワタデ）を中心とする植物群落。御鉢平の周辺，北鎮岳，烏帽子岳，小泉岳-緑岳，白雲岳などに見られる。バラ科のミヤマキンバイやナデシコ科のエゾイワツメクサが混じることがある。

ホソバウルップソウ亜群集

ゴマノハグサ科のホソバウルップソウを中心とする植物群落。小泉岳-緑岳，東岳，高根ヶ原，化雲岳，五色ヶ原などに見られる。

おもに，周氷河地形の1つである構造土が見られる砂礫地である。ホソバウルップソウの分布は，赤岳以南に限られている。例年，永久凍土の表面が溶けはじめる6月上旬ごろには地表が多くの水分を含む。高根ヶ原や化雲岳，五色ヶ原では一部が湿地に生えている。

砂礫地のコマクサ群落

赤岳中腹のコマクサ平・奥ノ平，御鉢平の火口壁，小白雲岳，高根ヶ原に見られる。

赤岳登山口の銀泉台（標高1500 m）から1時間ほど登ると突然視界が開け，広大なコマクサ平（標高1820-1840 m）にでる。基本的に植生からはハイマツ帯のなかの風衝地である。このような環境は冬季にたえず強風が吹き，雪がほとんど積もらないことによって形成される。雪の上にでているハイマツなどは，枯れてしまうことがある。実際に1月と2月に現地を訪れたところ，小石や地肌が見えるほど積雪が少なく，地面は完全に凍結していた。これらのことからたとえ新雪が降っても，すぐに風で吹き飛ばされてしまうようである。

コマクサ平では，大きな岩や石が点在する砂礫地や岩

礫地にコマクサ群落が見られる。ウスバキチョウの個体数が大雪山系で最も多い場所である。コマクサ群落の規模が大きく，高山植物の盗栽が多い反面，営林署員らが種を蒔く努力を続けたことにより，増殖がはかられ実際に増えている。ただし，現在では大きな株のコマクサは盗栽により数が非常に少なくなっている。

なお"奥ノ平"は，現地の看板ではコマクサ平の下の台地(第二花苑上)に立てられているが，2万5千分の1の国土地理院の地図では，コマクサ平の上方で第三雪渓を登りきったところにあり，地形的にもこちらのほうがその名称にふさわしい。東岳の近くにあるので，東平(標高1950-1970 m)という呼び名もある。大きな岩は少なく，岩礫地と砂礫地が混じる。

北海岳，松田岳，荒井岳，間宮岳，中岳，北鎮岳の肩など，御鉢平(凹地は標高1910 m内外)と呼ばれる旧噴火口の周りにもコマクサ群落がある。火口の大きさは1.75×2 kmの長楕円形で，周囲はおよそ6 km，約3万年前に形成された小カルデラである。ウルム氷期末期には水をたたえた湖が形成され，その後カルデラ壁の一部が崩れて赤石川が流れだし，現在に至っている。稜線上の植生は乏しいが，稜線よりむしろ火口壁の内側の斜面に，コマクサの群落が多く見られる。あるいはこのような場所で，ウスバキチョウの幼虫が棲息しているのかもしれない。

御鉢平では現在も火山性の有毒ガス(硫化水素)が噴出しており，かつて登山者の死亡事故も起きているので，立ち入りが禁止されている。私は1984年7月20日に行方不明者の捜索を行なったり，1986年9月13日に御鉢平の地質調査(河内ほか，1988)が行なわれたとき，調査員に同行して環境を見ることができた。

登山道は通っていないが，小白雲岳(標高1966 m)もコマクサ平に次いで有名なウスバキチョウの産地で，環境もよく似ている。白雲岳(標高2230 m)の南側にあたり，砂礫地と岩礫地が混じるなだらかな斜面が広がる。1986年7月にコマクサの大規模な盗栽を受けたので，これ以降はウスバキチョウが激減してしまった。

岩礫地のコマクサ群落

黒岳，雲ノ平，赤岳，小泉岳-緑岳，北海平，小白雲岳，高根ヶ原，平ケ岳北側，忠別沼北方1833 mピーク，忠別岳，化雲平，トムラウシ山などに見られる。砂礫と岩礫が混じり，風衝地で標高の高いなだらかな山頂や尾根でコマクサ群落が見られる。高根ヶ原(標高1714-1880 m)は例外的に標高が低いが，地形的には東西の風の通り道で，夏でもよく霧がかかる。冬季には猛烈な西北西または西の季節風にさらされる。おそらく永久凍土も発達しているのであろう。

平ガ岳南方では，パルサ湿原(標高1720 m)が最近になって発見されている(高橋・曽根，1988)。これは永久凍土が成長して，泥炭地が丘状に盛り上がった周氷河地形の1つである。この場所も鞍部で，東西の風の通り道になっている。

平ガ岳(標高1752 m)は高根ヶ原南方のハイマツに覆われたなだらかなピークで，実際にコマクサ群落があるのは，北側斜面の高根ヶ原の南端と，パルサ湿原をはさんで南側のピーク(無名峰：標高1833 m)の北側斜面である。ここにウスバキチョウが棲息する。

十勝連峰・十勝火山群

十勝連峰は北東から南西にむかって直線的にいくつもの火山が並ぶ。主峰の十勝岳(標高2077 m)は有史以来なんども噴火を繰り返しているが，最近では1962年に大爆発を起こした。現在でも噴煙を盛んに上げており，中央高地では最も活動的な活火山である。噴火以前は十勝岳本峰にもウスバキチョウの記録があったようだが，現在では正確な場所がわからない。今でも周囲の山から飛来する可能性はあるが，十勝岳本峰は噴火による影響で植生を欠き，現在は棲息していないと思われる。1998年7月に調査したところ，その南側斜面にはダイセツイワスゲなどの群落が広がりはじめており，将来的には噴火以前のような植生が再生するであろう。

ウスバキチョウは北からオプタテシケ山(標高2013 m)，辺別岳(標高1860 m)，美瑛富士(標高1888 m)，美瑛岳(標高2052 m)，上ホロカメットク山(標高1920 m)，境山(標高1837 m)，十勝岳温泉分岐，富良野岳(標高1912 m)などで記録がある。境山の産地は最近になって発見されたもので，三上(1990)により詳しく報告されている。それによると，十勝連峰における棲息環境は，沢の源頭にある小規模な砂礫地だとしている。

美瑛富士の山頂付近には比較的まとまったコマクサの群落がある。十勝連峰の山域全体でコマクサの生育に適した平坦な砂礫地や岩礫地が少ないため，稜線上ではコマクサ群落は稀少である。

石狩連峰

現在，おもにコマクサが見られるのは次の通りである。J.P.(標高1895 m)-石狩岳(標高1966 m)，石狩岳-音更山(標高1932 m)，音更山-十石峠(1576 m)，十石峠-ユニ石狩岳(1745 m)など。ウスバキチョウは減少が著しく，最近の確実な記録がきわめて少ない。

北大雪山系と十勝岳連峰が火山であるのに対して，石狩連峰は中生代に堆積岩や火成岩が変成作用を受けた日高累層群が隆起してできた古い地層である。褶曲山脈の尾根一帯（石狩岳-音更岳-ユニ石狩岳）にはかつてウスバキチョウが確実に分布していたが，1998年現在ではほとんど見られなくなった。もともと，それほど数が多いものではなかったようである。いっぽう，減少が伝えられたコマクサは，1970年代に比べると，かなり回復してきており，稜線ぞいで普通に見られるようになった。ウスバキチョウの棲息が以前のように回復することが望まれる。

　コマクサは，西からJ.P.より石狩岳を経て，音更山，ユニ石狩岳に至るまで，稜線ぞいに点々と小群落地がある。音更山の周辺には平坦地が広がるが，コマクサの群落は多くない。むしろ，十石峠（標高1576 m）までの小ピーク（標高1685 m）の砂礫地や，ユニ石狩岳（標高1745 m）の山頂付近にまとまった群落がある。おそらく種を蒔いて，増やしたものだろう。ウスバキチョウが完全に絶滅したとは思えないが，減少が著しいのは確かである。

　同じ高山蝶のダイセツタカネヒカゲの方は，現在でも石狩岳の本峰やJ.P.に棲息している（昆野，1998 b）。さらに，音更山にも分布する（三上，1992）。

ニペソツ山・天狗岳

　石狩連峰の南にあり，鋭い山容をもつが，第三紀の溶結凝灰岩の上に第四紀の安山岩が噴出した火山である。ニペソツ山（標高2013 m）の山頂付近は急斜面で東側（東壁）は深く切れ落ち崩壊が著しい。コマクサがあるのは，天狗平（標高1868 m）から天狗岳（標高1890 m）にかけての岩礫地や岩場周辺である。

　前天狗岳（標高1888 m）において，1982年7月7日にウスバキチョウ1♂の記録はあるが，最近になってから天狗岳に訂正された（延，1999）。石狩連峰よりさらに記録が少なく最も絶滅が危惧される個体群である。

　いっぽう，ダイセツタカネヒカゲは現在でも天狗岳の付近に棲息している（昆野，1998 b）。

　なお，然別火山群の東ヌプカウシ山（標高1252 m）のダケカンバの樹林帯で，コマクサの群落地が知られていたが，盗採にあい現在は壊滅状態にあるといわれる。ただし，ここではウスバキチョウの記録はない。

2. ロシア極東・ゴルヌィ Gornyi：Ssp. *gornyiensis*

　アムール川中流のコムソモリスク・ナ・アムーレ Komsomolisk-na-Amure から，北北西へ50 km行ったところにあるゴルヌィ周辺の産地。渡辺（1996 b，1998）が報告したように，ウスバキチョウの産地は大きく分けて2カ所ある。

　1つはゴルヌィの町の西側に南西から北東に向かって走るバザルスキー地域 Баджальский хребет（Badzhal'skyi）のミャオチャン山地 хребет Мяочан（Myaochan）の一角である（標高570-870 m）。

　もう1つはコムソモリスク・ナ・アムーレへの途中に位置するソルネチィ Солнечный（Solnechnyi）へ向かう道から，北側に4-5 kmほどはいった凹地の沢フルスタルニィ川 Hrustalnii Creek である。こちらは標高420-440 mと，やや標高が低い。ゴルヌィの郊外にある貯木場（標高520 m）でも本種が得られているので，この一帯には広く分布するようである（日下部・小林，1996）。

　標高が高い産地はダフリアカラマツ *Larix gmelini* やトドマツなどの針葉樹に，シラカンバ類やドロノキなどの広葉樹が混じる樹林帯で，成虫は林道ぞいを，おもに上流側から飛んでくる。林床にはカラフトイソツツジ（イソツツジ）やマルバシモツケの花が咲いており，これらに吸蜜にくる。食草とされているケシ科のカラフトオオケマン *Corydalis gigantea* は沢ぞいの湿地に大規模な群落があり，その長さは数kmにわたっていた。高さは1 mを超えるものがあり，たいてい群落をつくり，かたまって生える。花期はちょうど最盛期であったが，7月上旬の時点でこの場所の成虫は盛期をすでにすぎ，大部分が汚損していた。標高が上がるにつれてダフリアカラマツの純林になる。成虫は標高600 m前後に多く，稜線上の小ピーク（標高870 m）にも成虫が飛んでくるの

写真29　ロシア極東・ゴルヌィ。ウスバキチョウが群れ飛ぶ草原

写真30 ロシア極東・ゴルヌィ。低標高の産地

が見られ，かなりの移動性があるらしい。

　これに対して低標高の産地は，伐採や火事跡の草原と湿原で，シラカンバの低木などがわずかに生えている。前者よりもずっと開けた環境で，カラフトイソツツジがびっしり地面を覆うように生え，高い樹木はほとんど見られない。おそらくカラマツの伐採後に一帯が焼かれ，まだあまり年月が経っていないのであろう。ホザキシモツケやオニシモツケ，ヤナギランなどの花が群落をつくっていた。食草とされるカラフトオオケマンもあったが，すでに花期はとっくにすぎており，ほとんど花が散っていた。崖ぞいの林道では，アカボシウスバ P. bremeri に混じって本種が飛んでいた。ヒグマの真新しい足跡があり，このような場所でも野生動物が多いらしい。

　山火事と植生の関係は，大興安嶺における調査により報告されている（今西編，1952）。まさしく，この記述に一致する。

　このような火事は人為的に引き起こされることが多く，焚き火や煙草の不始末などによる。カラマツ林が燃えると，まずシラカンバの若木がのび，その林床にはイソツツジとコケモモが再生する。やがてカラマツが再びのびはじめ，長い年月をかけて元の林にもどるのである。

　アルタイ山脈やサヤン山脈，日本の大雪山などの棲息地は高山の"山岳ツンドラ地帯"で，植生的には極相であるのに対して，ロシアのアムール川やウスリー川流域，中国の大興安嶺や朝鮮半島北部の蓋馬高台などでは，カラマツ林の伐採跡地に棲息しており，あるいは植生の変化にともなって，棲息地も微妙に変わるのではないかと考えられる。

3. ロシア極東・ヴィソコゴルヌィ Vysokogornyi：Ssp. *vysokogornyiensis*

　コムソモリスク・ナ・アムーレから，太平洋岸にあるソヴェツカヤ・ガヴァニへぬける鉄道線路ぞいにあり，シホテ・アリン山脈 Сихотэ Алинь（Sikhote Alin）の北端にあたる。

　鉄道線路ぞいでも，列車から本種が飛んでいるのが見られ，その棲息地は線路ぞいに開けた草原や伐採地である。標高290mぐらいから上部で，モンゴリナラの林がなくなりはじめてから標高800m付近まで棲息していた。鉄道は峠の付近でトンネルにはいり，このあたりが東西の分水嶺になるらしい。峠を越して40分ほど列車が進むと，ヴィソコゴルヌィの駅がある。

　ヴィソコゴルヌィ Высокогорный（Vysokogornyi）の駅の標高は580m，町の背後にあるダフリアカラマツ林の周辺でも本種が見られた（標高610m）。個体数は少ない。林床にはカラフトイソツツジが一面に生えている。この場所はカラマツの木が細く，林が再生してからあまり間がないようであった。

　おもな棲息地はヴィソコゴルヌィから2つ手前の駅のクズネツォフスキー Кузнецовский（Kuznetsovskij）から北東側に降りた谷間（標高670-780m）と，コスグランボ Косграмбо（Kosgrambo）方面に向かう線路ぞいの林内草地や湿地（標高660-670m）である。

　ゴルヌィの産地に比べてずっと開けており，広い草原である。凹地は湿原になっており，蛇行した小川が流れている。食草とされるカラフトオオケマンはこのような湿原ぞいに多く，羽化直後の新鮮な個体が，その群落地から飛びだすこともあった。ここでも，ヒメウスバシロチョウが混棲する。食草の花はやや終わりかけで，ほとんど散っていた。暗いダフリアカラマツ林内のカラフト

写真31 ロシア極東・ヴィソコゴルヌィ。ウスバキチョウが群れ飛ぶ湿原

写真32 ロシア極東・ヴィソコゴルヌィ。林道沿いをウスバキチョウが飛ぶ

イソツツジの群落地でも，成虫が飛んでいる。おそらく下の谷間の湿地から，飛んでくると思われる。

4. ロシア・アルタイ山脈 Altai：
Ssp. *altaicus*（＝ *lacinia*）

ルフタノフ（Lukhtanov & Lukhtanov, 1994）によれば，標高 2000-2800 m の"山岳ツンドラ mountain tundra"に棲息する。食草は，ケマンソウ科のアラスカエンゴサク Corydalis pauciflora などで，成虫になるまでにまる 2 年を要する。また，高山草原 alpine meadow にも棲息する。おそらく原名亜種の高標高地の棲息環境（標高 1700-2000 m）も同じようなものであろう。

5. ロシア・レナ川流域 Lena：
Ssp. *septentrionalis*

レナ川上流部のヴィチム川 Vitim，オレクマ川 Olekma，アルダン川 Aldan，あるいは中流域のヴィリュイ川 Vilyui の流域に棲息している。この一帯は大樹林地帯で，上流ではシベリアトウヒやシベリアモミ，それ以外ではダフリアカラマツやヨーロッパアカマツの針葉樹林である。ヤクーツク市を中心とするヤクーツク盆地が広がり，レナ川の流域は台地状の地形になっている。土壌の下には永久凍土があり，夏の間だけ地表面が融ける。林床は明るく，イチヤクソウなどの草本やクロマメノキなどの灌木がまばらに生える（小野・五十嵐，1991）。

本種は川ぞいのカラマツの疎林内の湿地やツンドラ帯（標高 1500 m）までの石で覆われた斜面などに棲息する（Tuzov *et al.*, 1997）。

6. アラスカ・ノーム Nome：Ssp. *thor*

北極圏に近い低地の湿潤ツンドラ moist tundra。ベーリング海峡（チュクチ海）に突きだしたスゥワード半島の南側にあたる。標高 70-340 m，大きな樹木が育たず，せいぜい灌木状のヤナギ類 Salix sp. や，カンバ類（マルバヒメカンバ Betula glandulosa など）が見られるぐらい。

ハイマツなどの針葉樹がないのを除けば，チョウノスケソウやミネズオウ，エゾツツジなどの高山植物群落があり，大雪山の高山帯の環境と非常によく似ている。灌木を欠く草原のツンドラでは，ホェブスウスバ *Parnassius phoebus* は多いが，むしろウスバキチョウは少なく，高さ 1 m ぐらいのヤナギ類がまばらに生える湿地や谷間に多い。これは食草のアラスカエンゴサク Corydalis pauciflora が，低標高地の湿地やヤナギの灌木周辺に生え，標高がより高い乾燥した場所には少ないからだと思われる。成虫には移動性があり，ガレ場状の山頂付近に♂♀ともに飛んでくる。交尾もこのような場所で行なわれるのであろう。

ベーリング海峡をはさんで対岸のチュコト半島にも本種が棲息している。両産地の個体の斑紋や大きさの類似性などのほかに，棲息環境が極地性ツンドラで，よく似ている。海峡の深度は浅いところで 40-50 m とされ，最も近い陸地間の距離は 58 km ほどしかない。今から約 1 万 5 千年前の最終氷期（ウルム氷期）にはベーリンジアと呼ばれる広大な陸橋で繋がり，動植物が移動したり，交流したと考えられる。

アラスカ半島からカムチャツカ半島にかけて円弧状にのびるアリューシャン列島でもウスバキチョウの棲息が期待され，私は 1993 年に長野県山岳協会の登山隊に同行して調査を行なった。しかしながら，ユニマック島でエゾスジグロシロチョウが観察されただけで，ほかの島

写真33 アラスカ・ノーム

写真34 アリューシャン列島ウラナスカ島 Mt. Makushin

写真35 朝鮮半島北部赴戦高原(民族統一中央協議會，1987より)

では高山植物が豊富にあるのにもかかわらず，蝶類がまったく見られなかった。アトカ島で高山蛾の一種アルプスギンウワバ Syngrapha ottolenguii が見つかっただけである(神保・渡辺，1994)。

7. アラスカ・イーグルサミット Eagle Summit：Ssp. thor

景浦・矢田(1995)に報告されている。アラスカ中央部にあるフェアバンクスの北東108 mileの地点で，標高1100 m付近。棲息地は"山岳ツンドラ mountain tundra"にあたり，成虫は風あたりの少ない，乾燥した凹地に多い。谷間には灌木のヤナギ類 Salix sp. やカンバ類 Betula sp. が生え，幼虫も発見された。

ウスバキチョウの幼虫が見つかったのは，急斜面の下のミズゴケが生える小川ぞいである。これは，食草のケマンソウ科アラスカエンゴサク Corydalis pauciflora (英名 Few flowered Corydalis)が乾燥した岩礫地よりも，高山湿原 wet alpine meadows に生えるからであろう。この植物はコマクサのように1株に多くの花をつけることはなく，1つの茎にだいたい3～4個の花をもつ。

斎藤(1997)によれば，カナダのユーコン準州のキノ・ヒル Keno Hill(標高1830 m)の棲息地も山岳ツンドラであるという。

8. 朝鮮半島北部・蓋馬高台：Ssp. sasai

杉谷(1940)は「蓋馬高台では針葉樹林に棲息し，オオイチモンジやミヤマシロチョウと混じって飛んでいる」と記している。また「赴戦嶺では広い草原におり，有麟嶺では標高1300-1900 mまでにわたるモミ(チョウセンモミ・トウシラベ)やカラマツ(マンシュウカラマツ)の広い密林地帯に棲み，森のわずかな切れ目の草原や谷あいの草地に花と日光を慕って，いずこよりともなく，舞い出ている」と述べている。これらのことから，標高がやや高いながら，ロシア連邦・沿海州やアムール川中流域の棲息環境とよく似ている。

蓋馬高台一帯は日本の統治時代にさかんに森林が伐採され，森林軌道や林道があちこちにつくられた。戦前にここを訪れた佐々や杉谷らは，営林署の出先機関を利用して採集行を続けたようである。

9. 中国東北部・黒龍江省伊春市：Ssp. felderi

黒龍江省伊春市五営での記録(廣川ほか，1995)によると，ゆるやかな低山地で，標高600-700 m程度の針葉樹林内の広い草原と記されている。小興安嶺の南部にあたり，チョウセンゴヨウやチョウセンモミ，トウシラベ，エゾマツなどの針葉樹林と思われる。

なお長白山(朝鮮半島側では白頭山。標高2750 m)は火山で，山頂付近に大きな火口湖をもち，草原が広がり高山植物も豊富であるが，本種の記録はない。食草のカラフトオオケマンは樹林帯に自生する。

10. 中国東北部・内蒙古自治区呼倫貝爾盟額爾古納左旗満帰県・大興安嶺：Ssp. nishiyamai

棲息地の激流河ぞい一帯は河辺林で覆われ，一部草原が広がっている(今西，1952)。寒温帯の針葉樹林内で，ダフリアカラマツ(コウアンカラマツ) Larix gmelini の林と，モンゴルアカマツ Pinus sylvestris var. mongolica が混じっている。

写真36 大興安嶺・満帰鎮の棲息地(西山保典氏撮影)

気象と棲息地の関係

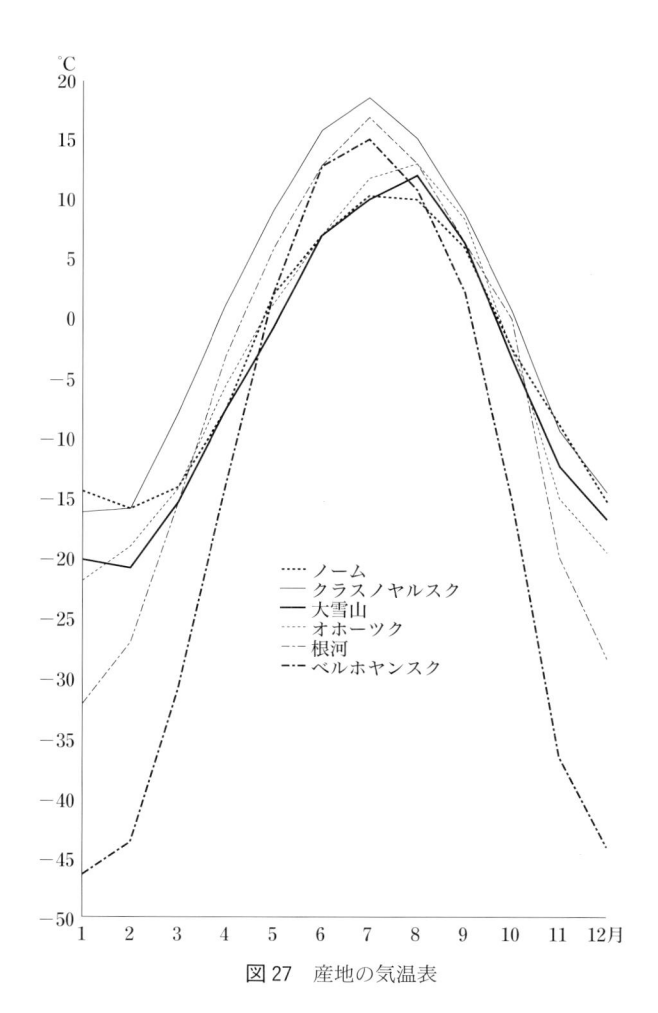

ウスバキチョウが棲息する場所，あるいはその近くにある都市の年平均気温を図に示した。

大雪山(白雲岳：43°39′N)の高山帯(標高2000 m)における年平均気温は1985年は−3.8℃，1987年では−4.9℃，1988年が−5.2℃と報告されている(曽根・仲山，1992)。1985-1986年は，私も気温測定に協力し，冬季は3カ月にわたり標高2000 mの避難小屋で越冬生活を送った。1-2月の極寒時には日中でも−20℃より気温が上がることが少なく，まさに冷凍庫のなかにいるようであった。さらに常に台風並みの強風が吹き荒れ，晴れるのは1週間に一度ぐらいである。

これに近い気象条件の場所は，北米大陸・アラスカのノーム(64°30′N)，ロシアのオホーツク海ぞいのオホーツク(59°22′N)，大興安嶺・額爾古納左旗の根河 Gen-he(50°48′N)などである。クラスノヤルスク Krasnojarsk(56°N)は原名亜種の産地に近いが，実際には本種はサヤン山脈の高山帯に分布するので，これより厳しい気象条件下にあると思われる。また，チュコト自治管区の北

図27 産地の気温表

第10章 棲息環境と気候

表2 ウスバキチョウ産地の気温表(℃)

	1月	2月	3月	4月	5月	6月	7月	8月	9月	10月	11月	12月
ノーム	−14.5	−15.9	−14.0	−7.7	2.1	7.4	10.3	10.0	5.8	−2.1	−8.5	−15.2
クラスノヤルスク	−16.2	−15.9	−7.6	1.2	9.0	15.9	18.6	15.2	8.9	0.8	−9.2	−14.7
大雪山	−20.2	−20.9	−15.1	−7.5	−0.7	7.1	9.9	12.2	6.3	−3.1	−12.1	−16.8
オホーツク	−21.9	−19.0	−13.9	−5.4	1.3	6.9	11.8	13.2	8.4	−2.6	−15.0	−19.5
根河	−32	−27	−15	−3	6	13	17	13	6	0	−20	−28
ベルホヤンスク	−46.3	−43.5	−30.2	−13.6	2.1	12.9	15.1	11.0	2.3	−15.2	−36.3	−44.1

部やアラスカ北部のノース・スロープは，北極圏(北緯66°30′以北)より緯度が高く，年平均気温もこれらの値よりはるかに低い。大興安嶺の漠河では冬季に−52.3℃まで気温が下がった記録がある。

大雪山との違いは年間降水量がずっと少ないことで，ノームでは年間降水量が381.0 mm，オホーツクで443.5 mm，クラスノヤルスクで127.9 mm，根河で427 mmなどである。大雪山系では旭岳中腹(標高1620 m)において，7-9月の3カ月だけで例年600-700 mmに達する。

日本では富士山(標高3776 m)において，年平均気温が−6.5℃で大雪山より低いが，地質的には新しい成層火山なので，本種はおろか高山蝶は1種類も棲息していない。

台湾には富士山よりさらに高い玉山(標高3952 m)などの高山がある。氷河地形が残り冬季には雪が積もるが，緯度が日本より南にあるため雪線高度がずっと上がり，イワヤマヒカゲ Lethe niitakana などの"台湾の高山蝶"はいても，ウスバキチョウのような日本の高山蝶に相当するような種類は棲息しない(鹿野，1929)。

大雪山系の棲息環境と分布の謎

大雪山系では御鉢平周辺の表大雪(北部・中部大雪)地域には分布するのに，層雲峡をはさんで東側にあるニセイカウシュペ山系(北大雪)にウスバキチョウは棲息しない。コマクサは平山(標高1771 m)などに分布するのに，なぜこれらの地域にウスバキチョウがいないのか理解に苦しむ。ニセイカウシュペ山(標高1879 m)や平山などは標高が少し低いながら，高山帯があり，ウスバキチョウが棲息する条件は十分に整っていると思われる。最近，昼飛性の高山蛾であるダイセツヒトリ，クロダケタカネヨトウ，コイズミヨトウなどが平山で見つかっている(堀，1997)。

木本・保田(1995)は高山性オサムシ科の分布について，興味ある報告をしている。北部・中部大雪山の風衝地に棲息するのはダイセツオサムシ Leptocarabus kurilensis daisetsuzanus で，ニセイカウシュペ山系に棲息するのは別亜種のラウスオサムシ L. k. rausuanus であるという。後者は大雪山の高山帯にはおらず，高原温泉などの針葉樹林帯に棲息している。

この原因として，氷河時代の寒冷時期に大陸より渡来した寒地系の昆虫類が，その後の温暖期に同じような気象条件をもつ高山帯へ移った。この場合，日本への渡来時期(氷河期)の違いや，再度の寒冷期に，もともと分布

写真37 平山

していなかったニセイカウシュペ山系へ分布を拡げたとも考えられる。これからは，氷河期とともに現在より平均気温で2℃ほど高かった"ヒプシサマール"と呼ばれる温暖期(5000-6000年前)についての考証も重要になるであろう。かつては分布していたが，温暖化などにより，この地域では絶滅した可能性もある。

河野(1955)は，大陸，サハリン(樺太)，北海道など現在の蝶の分布状況の比較からアサヒヒョウモンなど大雪山の寒地帯に棲む蝶類は，リス氷期(ポロシリ氷期)もしくはそれ以前に北海道へ渡来し，針葉樹林帯に棲息するものは，ウルム氷期(トッタベツ氷期)に渡来したと述べている。

第 11 章　生態観察記録

大雪山系

1. 1980年

6月11日　コマクサ平

午前9時に，羽化したばかりのウスバキチョウの♂を発見し，その付近を探したところ，70 cm ほど離れた場所で繭と蛹殻，幼虫の脱皮殻が見つかった。クロマメノキの枝の下側に長さ30 mm ぐらいの繭があり，枝先側に脱出口があった。繭に砂礫やクロマメノキの枯れ葉をつけているので，みごとなカムフラージュになってわかりにくい。頭部は枝先方向にあり，腹部を上に向けて蛹化していた。これが私の蛹発見の第一号である。このほかに，ガンコウランの枝の下でも繭を発見した。まだ羽化していない。

7月8日　小白雲岳

午前7時，岩礫の横で終齢幼虫(体長22 mm)が日光浴をしている。8時ごろから成虫が飛ぶ。♀が多い。8時12分，蛹が地面の上に転がっていた。繭は見つからなかった。繭をつくらず，そのまま地上で蛹化したらしい。

8時50分ぐらいから産卵をはじめる。卵を産むときに，産卵管をぐっとのばすので，交尾後付属物は邪魔にならない。産卵の合間に，イワウメやクロマメノキの花などで吸蜜する。岩礫の裏面を調べると，すでに卵がずいぶん産みつけられている。1株の周りに合計12卵もあった。だいたい産卵場所が決まっており，コマクサは広く分布するが，凹地のような場所に集中して産卵が行なわれている。♂は汚損した個体ばかりである。幼虫は4齢と5齢(終齢)初期が多いようで，3齢は1例のみ。同じころコマクサ平では，すでにほとんどが老熟していた。

午後0時40分ごろにも産卵が見られる。

2. 1981年

6月15日　コマクサ平

午前9時，芽吹きしだしたコマクサの株の近くの砂礫上で1齢(2頭)と2齢幼虫(1頭)を見つける。前者のうちの1頭は孵化したばかりらしく，卵殻が近くの砂礫に混じっていた。気温が下がると，砂礫のなかに潜ってしまう。繭はミネズオウの枝下で見つかった。繭の大きさは長さ22 mm，蛹の体長は14 mm である。

6月27日　コマクサ平

午前7時ごろから成虫が飛びはじめる。先日見つけていた蛹は，すでに羽化した後であった。8時45分に交尾する。当日羽化したと思われる♀が小飛しているときに，♂が追突するようにからみあい，♀が先に地上にとまる。♂も近くにとまり，♀の後方にまわり込んで交尾する。交尾後は♀が♂を引きずって歩きまわり，撮影するために近づくと 1-2 m ほど飛んだ。交尾飛翔形式は，例外なく←♀＋♂である。

8時56分に交尾したまま♀がクロマメノキの葉上にたまった水滴を吸う。

9時ごろから♂がさかんに腹部を動かす。9時32分に分離する。交尾時間は47分であった。♂が先に飛び去り，すぐに♀も飛んだ。別の交尾ペアを見つけるが，こちらのほうは終了後も♀が飛べず，そのまま静止していた。まだ羽化したばかりのようだ。早朝は♂ばかりめだち，9時ごろから♀が飛びはじめた。イワウメとミネズオウが満開で，これに吸蜜にくることが多く，ウラシマツツジやキバナシャクナゲでも吸蜜する。

幼虫は3齢が多く，コマクサの花はまだ咲いていない。すでにコマクサの周囲の岩礫下に産卵されている。

7月16日　小泉岳，小白雲岳

小泉岳では午前7時ごろから成虫が飛びはじめる。♂は大部分が擦れているが，♀はまだ新鮮な個体が見られ，未交尾の個体もいる。ハクサンイチゲ，エゾツガザクラ，キバナシャクナゲなどで吸蜜する。♂がハイマツの上ス

レスレや地上1mぐらいをすばやく往復飛翔している。♂どうしでも追飛するが，からみあってすぐに分離する。ダイセツタカネヒカゲは，すでにかなりの個体が羽化しているものの，アサヒヒョウモンはまだ羽化していない模様である。

小白雲岳では4齢初期が最も多く，3齢も2頭いた。5齢はまだ少なく，脱皮直後のものが石の上に静止していた。まだ体色は黄褐色である。

3. 1982年

7月7日 コマクサ平，赤岳

午前10時ごろからコマクサ平で♀が産卵する。食草の茎や大きな岩の側面にも卵を産む行動がめだった。すでに高山植物の花期は終わりかけ，ヒメイソツツジで吸蜜した。ダイセツタカネヒカゲがウスバキチョウを追飛する。終齢幼虫が1頭のみ。

赤岳山頂付近では，風あたりの弱い凹地に，成虫が集団でかたまっていた。まだ♂♀ともに新鮮である。ここではキバナシャクナゲが満開であるが，イワウメなどはもう散りはじめている。

4. 1983年

6月12日 コマクサ平

成虫は飛ばず，コイズミヨトウの成虫だけが見られた。この高山蛾は蛹で越冬するので，ダイセツキシタヨトウとともに最も羽化が早い種類の1つである。ミネズオウの枝下でウスバキチョウの蛹が見つかっただけ。コマクサはすでに芽吹いており，食痕はあるが幼虫は見つからない。翌日より2日間は雪になる。

6月23日 コマクサ平

午前9時10分に♀が羽化，途中ガスがかかって気温が下がり，10時10分にようやく翅が完全にのびた。

7月7日 コマクサ平

午前9時50分に♂が羽化。11時までに翅がのびた。すぐには飛べず，少しずつ歩いて移動する。クロクサアリが，この羽化したばかりの成虫を襲ったが，どうにか難を免れる。

7月8日 中岳

比布岳や北鎮岳で調査するが，成虫は見られず。午後2時に中岳で♂を観察。ハイマツ群落の上を，グルグル飛びまわっていた。

7月9日 コマクサ平

まだ羽化していない蛹がある。午前10時から11時にかけて産卵が多い。依然，コマクサの花が咲いていない。産卵の合間に地上で吸水したり，ミネズオウやイワウメで吸蜜する。正午ごろ交尾していた。←♀+♂の飛翔形式でよく飛んだ。

7月26日 奥の平(東平)・コマクサ平

コマクサ平では，ウスバキチョウが産卵していた。午後1時ごろ第三雪渓を登り奥の平へ行くと，終齢幼虫がコマクサの花を摂食していた。

8月24日 小泉岳-緑岳

正午ごろ，稜線ぞいで終齢幼虫がコマクサの葉を摂食していた。すでに花は盛期をすぎている。この付近ではコマクサがまばらに生えているだけで，大きな群落は見られない。

8月27日 コマクサ平

ミネズオウの枝で繭を発見，ウスバキチョウの前蛹であった。砂礫を吐糸で綴っている。翌28日に撮影した。これは9月2日に蛹になる。鮮やかな葡萄色(赤褐色)である。外見からはほとんど繭とわからない。

5. 1984年

6月17日 奥の平(東平)・コマクサ平

午前7時，奥の平で成虫を見る。4齢幼虫がいた。午

写真38 1♀に2♂♂が交尾しようとしている

後1時に交尾する。交尾中のペアに別の♂が飛んできて交尾しようとからんできた。私はこれを"三重連"と呼んでいる。♂がタカネスミレ(エゾタカネスミレ)で吸蜜する。コマクサ平では，午前8時過ぎから産卵がはじまる。すでに♀の大半が交尾をすませている。終齢幼虫もおり，季節の進み具合が例年になく異常に早い。

6月21日　コマクサ平

午前9時50分に，終齢幼虫がコマクサの葉を食べているのをみつけた。午前10時20分に♀が羽化，翅がのびて午後0時30分に飛んだ。アサヒヒョウモンがすでに産卵をはじめている。

6月24日　小白雲岳

午前6時30分に終齢幼虫が日光浴していた。7時25分に移動をはじめる。体に触ると，淡黄色の臭角をだす。臭いはかすかで，非常に弱い。天敵を撃退する機能は，ほとんど退化しているらしい。

午前8時25分に終齢幼虫が摂食する。2頭が同じ株で食べていることもある。曇ると摂食をやめ，地上に降りて静止する。ほとんどが終齢(5齢)で，4齢は少ない。成虫は，♂がすでにかなり汚損している。

7月7日　比布岳

午前7時40分に比布岳でウスバキチョウを見る。まだ新鮮であった。ダイセツタカネヒカゲはいなかったが，永山岳ではアサヒヒョウモンを観察した。

7月20日　間宮岳

午前11時ごろに間宮岳の山頂付近で，ウスバキチョウがヨツバシオガマで吸蜜していた。コヒオドシも飛んでいる。昼過ぎよりレンジャーや警察の人たちと御鉢平のなかにはいって，行方不明者の捜索を行なう。火口側の斜面にはコマクサがたくさん生えているが，ウスバキチョウは飛んでいなかった。人がはいらない場所なので，大株のものが残ったらしい。とても幼虫を探す時間と余裕はない。

なお，遭難者の男性は5年後の1989年になって，旭岳南麓の雪融沢ぞいで枯木でつくったSOSの文字とともに，白骨死体となって見つかっている。

7月22日　トムラウシ山

午前10時30分ごろ，山頂から南沼テント場へ降りる途中の登山道ぞいの岩礫地で，♀がコマクサ付近の岩礫の下面に産卵しようとしていた。花はまだ咲いており，大きな株であった。トムラウシ温泉へ下りる道の途中，前トムラウシ平でカラフトルリシジミを見る。

7月30日　コマクサ平

午後1時ごろ，ウスバキチョウの新鮮な個体を見る。銀泉台では，クモマベニヒカゲがすでに最盛期をすぎていた。

8月15日　小白雲岳

午後1時ごろ，エゾコザクラで吸蜜する個体を見る。観察したのは，この汚損した1頭だけだった。初見からじつに2カ月近く経っている。

6. 1985年

6月11日　コマクサ平

繭と蛹を観察する。2例はミネズオウ，1例はガンコウランの枝下にあった。また，別の1例は繭をつくらず，砂礫地に裸のまま横向きで転がっていた。脱皮殻がついているので，繭をつくらず地上で蛹化したと思われる。蛹殻が凹み一部が破損しているので，死んでいるらしい。

午前10時に羽化不全の♂を見る。ほかにハイマツの上を飛ぶ個体もあった。この日，アサヒヒョウモンも見られた。4齢(亜終齢)幼虫で越冬するのに，この羽化の早さは異常である。

6月14日　コマクサ平

午前8時55分，♀が蛹から羽化する。9時5分に半分翅がのびた。9時15分，ほとんど翅がのびる。11時30分に少し飛びはじめた。風があり，気温は低い。

6月21日　雲の平・黒岳

午前9時に成虫を観察。あまり個体数はいないようである。10時20分，黒岳山頂でも成虫を目撃した。

7月27日　忠別岳

午前7時15分，忠別岳の北側でウスバキチョウとダイセツタカネヒカゲの成虫を観察する。

7月28日　小白雲岳

コマクサの花は咲き終わりであった。午前7-9時にウスバキチョウを見るが，すでにほとんどが汚損していた。

8月23日　コマクサ平

繭と蛹を観察する。きっちり吐糸で綴った繭のなかで

蛹化していた。カラフトルリシジミの成虫がまだいる。

7. 1986 年

6 月 6 日　コマクサ平

まだ成虫は飛んでいない。日中の気温は，20℃まで上がった。卵はすでに孵化しており，卵殻が残っていた。コマクサは芽吹いており，幼虫は 1-2 齢と思われる。

6 月 21 日　コマクサ平

午前 6 時 50 分，羽化したばかりの♀を観察。イワウメ，キバナシャクナゲ，ミネズオウで吸蜜した。♂がコモリグモ科のアシマダラコモリグモに襲われ，頭部をかじられて死んだ。主要な天敵の 1 つである。

10 時 50 分に交尾する。♀が♂を引っぱって歩きまわる。幼虫は 3 齢が多く，4 齢と 5 齢も少しいる。午前 10 時ごろから，摂食がさかんになる。

7 月 21 日　白雲小屋

午前 9 時 30 分ごろ，比較的新鮮な♀を白雲小屋の南側にある岩礫地で見る。ここにコマクサの小さな群落があるが，幼虫はいない。10 年ほど前にはもう少しコマクサが多く，卵や幼虫が見られたこともある。

翌 22 日には，小屋の西側にあるテント場で♀を観察した。最も近い産地である小白雲岳では，♂がかなり汚損しており，♀はまだ新鮮な個体がいる。幼虫は老熟した終齢ばかりである。

7 月 31 日　北海沢-北海岳

午前 8 時 30 分，北海沢から 10 分ほど登った標高 1960 m 付近の尾根上の砂礫地で，新鮮な成虫を観察する。

8 月 10 日　緑　岳

正午ごろ，緑岳の頂上直下で汚損した♀を見る。ほかに，ダイセツタカネヒカゲが少数おり，アサヒヒョウモン♀，クモマベニヒカゲなども見られた。

9 月 2 日　黒　岳

午前 11 時 50 分，黒岳 9 合目から山頂へ至る登山道ぞいでウスバキチョウの新鮮な♀を観察した。頂上から 20 m ほど下がった場所である。この辺りはハイマツやダケカンバなどの樹木に囲まれた高茎草原で，本来の棲息地ではない。地表にとまったので撮影しようとしたが，登山者に驚いて飛び去った。この記録については，報告ずみである (渡辺，1987 a)。

8. 1987 年

7 月 1 日　コマクサ平-赤岳-小泉岳

午前 6 時 30 分-8 時 30 分，コマクサ平で成虫を見るが，数は少ない。9 時 20 分に奥の平(東平)で♂を観察する。地色の黄色は少し色あせていた。10 時半に赤岳でかなりの数が飛んでおり，イワウメなどで吸蜜した。小泉岳の山頂付近でも見る。

9. 1988 年

6 月 22 日　コマクサ平

午前 7 時ごろより成虫が飛ぶ。7 時 40 分，ミネズオウ，イワウメ，キバナシャクナゲで吸蜜する。幼虫は 3 齢が多い。

10 時 47 分に交尾個体を見る。11 時 18 分に分離，♀のほうが先に飛び去った。

10. 1993 年

6 月 18 日　コマクサ平

午前 6 時 20 分，翅に水滴のついた♂が静止していた。7 時 30 分，羽化したばかりの♀を見る。ダイセツキシタヨトウが飛ぶ。午後からガスがかかり，蝶は飛ばない。

6 月 19 日　コマクサ平

午前 6 時 55 分，ウスバキチョウが飛ぶ。午後 2 時 10 分，第四雪渓の真下で♀を見る。羽化したばかりの，新鮮な個体であった。この付近は，ハイマツやウラジロナナカマドが繁る樹林帯で棲息地ではない。おそらくコマクサ平あたりから飛んできたのだろう。またこの後に，奥の平(東平)でも成虫を見る。天候が不順で例年より数は少ないようである。

11. 1996 年

6 月 17 日　コマクサ平

午前 6 時 17 分，成虫を見るが羽化不完全。6 時 40 分からミネズオウなどで吸蜜。7 時 20 分に交尾，途中で曇り，9 時 5 分に分離した。晴れたときには，いっせいに交尾していた。

6 月 18 日　コマクサ平

午前 6 時 18 分に♂が日光浴。7 時 34 分，4 齢幼虫(体長 15 mm)が食草の葉を食べる。まだ 3 齢もいる。成虫

はあまり飛ばず。今日，ここで羽化したものは，1♂1♀だけである。

6月20日 コマクサ平

早朝は霧雨で，少し薄日が差す程度。午前7時39分に羽化したばかりの♀がアシマダラコモリグモに襲われる。

9時2分に，交尾を観察。産卵も見られる。午後から曇って活動しない。

12. 1998年

6月14日 コマクサ平

午前5時45分にダイセツタカネヒカゲが飛ぶ。8時46分に羽化したばかりの♀を見る。11時37分にも羽化直後の♀を見る。

イワウメは6月にはいってからの霜で花が枯れたらしい。ミネズオウの花も少ない。コマクサの花はまったく咲いていない。成虫の個体数がきわめて少なく，幼虫は3-4齢ぐらい。

6月16日 小泉岳

午前10時59分，アサヒヒョウモンが飛ぶ。例年より3週間ほど羽化が早い。11時10分にはウスバキチョウの♂も飛んだ。コマクサ平より咲いている花が多いぐらいである。

大雪山系の高山蝶

1. ダイセツタカネヒカゲ *Oeneis melissa daisetsuzana* Matsumura

河野廣道により黒岳や小泉岳などで採集され，松村 (Matsumura, 1926)が *Oeneis daisetsuzana* として新種記載した。その後，ドイツのグロス(Gross, 1968)により *O. semidea* の亜種とされたが，*O. semidea* は *O. melissa* の亜種となるので，現在は *O. melissa* の亜種として扱われている。この分類については，標本の詳細な比較が行なわれておらず，将来的にはもう一度再検討されるであろう。

大雪山系のほかに，石狩連峰のJ.P.(ジャンクション・ピーク)や石狩岳，音更岳，ニペソツ山系天狗岳に分布する。十勝連峰には棲息しないが，飛び離れて日高山脈の幌尻岳・戸蔦別岳などに分布している。

成虫は6月中旬ごろから羽化し，7月上-中旬に多い。8月にはほとんど見られなく年もある。ウスバキチョウに比べると，やや羽化が遅れる。

食草はカヤツリグサ科のダイセツイワスゲとミヤマクロスゲが主である。稀にイネ科も食べることがある。

成虫の見られる時期に3-4齢幼虫がおり，全生活史にまる2年かかる。1年目の冬は2-3齢幼虫で越し，2年目は5齢(終齢)で越冬する。3年目の6月ごろに越冬から覚めて蛹化し，羽化に至る。

食草の緑葉や枯れ葉，ほかの植物の裏面などに1個ずつ産卵する。卵期は2-3週間ぐらい。若齢は葉の端から階段状に食べる。9月上旬にはハナゴケのなかや食草の根元などで越冬にはいる。翌年，5月下旬から6月にかけて越冬より覚める。さかんに摂食し，7月の終わりご

写真39 ダイセツタカネヒカゲ♂

写真40　棲息地の岩礫地

写真41　クモマベニヒカゲ♀

写真42　棲息地の湿原

ろには亜終齢(4齢)になる。このころには葉を斜めに切ったような食痕さえあれば，すぐそばで幼虫が見つかる。幼虫の斑紋には2型あり，背線や亜背線がつながる縞型(濃色型)と不連続になる絣型(淡色型)が見られ，地色の濃淡もある。一般に絣型は地色が白っぽい。終齢になると，その違いがよくわかるようになる。8月下旬ごろから，越冬の態勢にはいる。ある年の9月4日には，岩礫地でいっせいに移動して越冬場所を探す個体が無数に見られた。成長の遅れたものは，霜にあたり黄色に変わった食草も食べる。体長は28 mmぐらい。ハナゴケや矮性植物群落のなか，掌大の石の下などに潜り込んで冬を越す。

翌年，6月ごろから越冬より覚める。このとき，終齢幼虫で体長が小さいものは，たいてい寄生されており，やがてコマユバチの一種の幼虫が脱出して，繭をつくる。越冬場所から移動して蛹になるほうが多い。岩礫の下や，ガンコウランなどの矮性植物の根元などで蛹になる。蛹期は2週間ぐらい。

成虫は岩礫地に多く，キバナシャクナゲなどの高山植物群落にも飛来する。クロマメノキやカラフトイソツツジ(エゾイソツツジ)，コケモモ，キバナシャクナゲ，ミネズオウ，エゾツガザクラ，ホソバウルップソウ，キバナシオガマ，エゾタカネツメクサ，イワウメ，チョウノスケソウ，チングルマなどで吸蜜する。地上で吸水したり，葉の上にたまった水滴を吸うことがある。大雪山系ではコヒオドシとともに個体数が最も多い。

2. クモマベニヒカゲ *Erebia ligea rishirizana* Matsumura

大雪山系では1926年8月上旬に，松村松年と内田登一により黒岳で5♂♂が採集された。最初の報告ではクモマベニヒカゲの樺太亜種 ssp. *sachalinensis* とされた(Matsumura, 1926)が，Matsumura(1928)では，利尻島産を基に ssp. *rishirizana* を記載した。同時に大雪山産は新異常型 ab. *daisetsuzana* として記載されているが，これは命名規約上無効になる。利尻産とはそれほど大きな差はないが，大雪山産の翅表の橙色帯はやや暗い個体が多い。現在の知見では，利尻亜種に含められることが多い。なお同時に道南の蓴菜沼産を基にした ab. *junsaiensis* も，同様な理由で無効となる。記録そのものも誤りで，道南には棲息していない。

大雪山では高山蝶とされるが，周辺の標高1000 m以下の針-広葉樹林でも産地が見つかっている。大雪山系での棲息地は，亜高山帯の高茎草原や湿原，湿性の高山草原である。白雲岳の棲息地は標高2000 mを超えるが，植生上は樹林帯の湿潤草原である。本州の中部山岳と違って，高標高地ではベニヒカゲが棲息していない。亜高山帯の樹林帯では混棲することが多い。

北海道では利尻島の利尻岳，表大雪のほか，北大雪山系のニセイカウシュペ山・平山・屏風岳，武利岳・武華山，石狩連峰，ニペソツ山，西クマネシリ岳，石北峠，三国峠などに分布する。かつて多産していた五色ヶ原で

は激減し，ほとんど見られなくなった。いっぽう黄金ヶ原では，まだ棲息している。

田淵(1978)は大雪山産を2年周期の本州産と異なり，1年サイクルだとした。私は1985年8月30日に黄金ヶ原で3齢幼虫を発見しているので，本州と同じ2年周期であると報告した(渡辺，1987b)。

卵(卵内初齢幼虫)で1年目の冬を越す。翌年6月ごろ越冬から覚め，カヤツリグサ科のショウジョウスゲ，リシリスゲ，ミヤマクロスゲ，イネ科のイワノガリヤスなどを食べる。9月初めには4齢になり，食草の根元などで2年目の冬を越す。翌年6月初めごろから越冬より覚め，7月には脱皮して5齢(終齢)になる。7月下旬には蛹になり，2週間後ぐらいに羽化する。

羽化が早い年には7月中旬に見られることもあるが，湿原などでは8月中旬に羽化する個体もある。普通は7月下旬から8月上旬にかけて多く，9月初めにはほとんど姿を消す。

成虫はハイマツやダケカンバ，ウラジロナナカマドなどの樹木が混じる草原をゆるやかに飛び，ナガバキタアザミやウサギギク，コガネギクなどで吸蜜する。母蝶は草むらに潜り込んで，食草の枯れ葉などに1個ずつ産卵する。卵は2-3週間もすると幼虫体が形成されるが，普通は孵化しない。しかし，平地で飼育すると孵化することがある。

3. アサヒヒョウモン *Clossiana freija asahidakeana* (Matsumura)

河野廣道によって黒岳などで初めて採集され，松村(Matsumura, 1926)により，*Argynnis asahidakeana*として新種記載された。その後，ユーラシア大陸の北部寒冷地域やアラスカ，カナダ北部に広く分布する *Clossiana freija* と同じ種類とされ，その亜種になった。サハリン(樺太)では近年になって分布が確認されている。白金温泉付近(標高680m)では，1952年6月26日に1♀の記録(石川・秋山，1955)があるが，これは偶産と考えられる。大雪山系の高山帯にのみ棲息する高山蝶である。

十勝連峰には棲息するが，石狩連峰(石狩岳・音更岳)やニペソツ山では記録がない。大雪山系における南限はトムラウシ山付近，五色ヶ原にも棲息している。

食樹はツツジ科のキバナシャクナゲが主で，クロマメノキやコケモモ，ガンコウラン科のガンコウランなども食べる。ツツジ科のミネズオウによく産卵するが，食樹となっているかどうかはわからない。

写真43 アサヒヒョウモン♂

写真44 棲息地のキバナシャクナゲ群落

ウスバキチョウやダイセツタカネヒカゲと異なり，1年で全生活史を完了する。成虫は早い年には6月中旬より出現し，例年7月上旬-下旬に多い。雪渓の周辺などでは，8月にも新鮮な個体を見る。1998年6月16日に，コマクサ平や小泉岳ではすでに成虫が羽化していた。

産卵は食樹の葉裏のほか，チングルマや付近の高山植物，ハナゴケなどに1卵ずつ行なう。卵期は2週間ぐらいで，若齢は淡黒褐色，成長するにつれて黒褐色になる。8月下旬には4齢になっているものが多い。体長は25mmぐらい。ヒョウモン類特有の刺状突起がある。9月上旬には活動している幼虫が見つからず，越冬態勢にはいっているものと思われる。キバナシャクナゲの緑葉や枯れ葉の裏面などに静止して，じっとしている。

風衝地と異なり，キバナシャクナゲ群落は冬季は積雪にほぼ完全に覆われる。翌年6-7月にかけて，雪が融けたところから越冬より覚める。羽化時期の早い場所では，5月中旬にも活動をはじめる。越冬後には，寄生蜂のコマユバチの一種の幼虫が脱出することがある。ときには半数以上が寄生されている。寄生を免れたものは，やがて脱皮して5齢になる。背面に灰白色の縦帯が現われ，

刺状突起の基部が黄色になる。白水・原 (1962) に図示されている終齢幼虫は，4齢の誤りであろう。摂食せず，1週間ほどでキバナシャクナゲの裏面で前蛹になり，2-3日後に脱皮して蛹になる。地上スレスレの位置で蛹になるものが多い。

成虫はキバナシャクナゲ群落を這うように低く飛ぶ。とくに♂は♀を探して，さかんに飛びまわる。晴れると飛び，曇って気温が下がると地上に翅を開いてとまる。

4. カラフトルリシジミ *Vacciniina optilete daisetsuzana* (Matsumura)

河野廣道により，1926年8月10日に烏帽子岳で2♂♂が採集され，松村 (Matsumura, 1926) が新亜種として記載した。サハリン (樺太) 産は ssp. *sibirica* とされ，海岸に近い低地の湿原に棲息する。色丹島や千島列島にも同様な環境に分布している。北海道では大雪山で初めて見つかり高山蝶とされたが，最近になって根室付近の海岸ぞいのガンコウランやツルコケモモの自生する湿原に棲息することが報告されている (久万田・中谷ほか，1993)。

大雪山系では，十勝連峰や石狩連峰のほか，然別湖周辺の然別火山群にも棲息している。さらに，天塩山地，日高山脈，斜里岳，西別岳，武佐岳，知床山地などに分布する。

食樹は大雪山系でツツジ科のコケモモやクロマメノキ，ガンコウラン科のガンコウランである。根室市春国岱ではガンコウランとツツジ科のツルコケモモが確認されている (久万田・中谷ほか，1993)。ツルコケモモは大雪山でも高層湿原などに見られるが，これまでのところ食樹となっているかどうかは確認されていない。これらのほかにカラフトイソツツジ (エゾイソツツジ) への産卵を確認しているが，幼虫は発見できなかった (渡辺，1985)。

生活史は1年サイクルで，根室市では2齢で越冬するとされている。大雪山では，今のところまだ確かめられていない。早い年には6月中旬にも羽化する。普通は7月中-下旬に多い。8月上旬でも見られ，ときには9月上旬に新鮮な成虫を観察することがある。おそらく雪渓の周辺で，雪解けが遅かったのであろう。

チシマツガザクラやウスユキトウヒレン，コガネギク，シラネニンジン (チシマニンジン) などで吸蜜する。卵は食樹の葉裏や新芽，葉柄などに1個ずつ産みつけられる。卵期は2週間ぐらい。幼虫の体色は黄緑色で，背線や側線などが赤みを帯びるものと黄色の個体がある。

大雪山系ではまだ確認されていないが，おそらく2齢で冬を越し，翌年5月上-中旬ごろから越冬より覚め，3齢を経て6月中-下旬には4齢 (終齢) になる。昆野 (1998a) により，1997年6月20日にコマクサ平において，ガンコウランの群落上で終齢幼虫が発見されている。

6月下旬から7月にかけて，食樹の根元近くの樹幹などで蛹になる。前蛹になってから大型のヒメバチの一種が脱出することがあり，寄生率はかなり高い。蛹期は2週間ぐらいである。

写真 45 カラフトルリシジミ♂

分布疑問種

1. アカボシウスバ
Parnassius bremeri aino Nakahara

　大雪山麓の松山温泉（現在の天人峡温泉）で，小助川光太郎により1936年6月20日に3♂♂が採集され，これを基に中原和郎がssp. *aino* としてドイツ・フランクフルトの「*Entomologische Zeitschrift*」のNo.50に記載した（Nakahara, 1936）。しかしこれはすでにミカドウスバの亜種である *Parnassius imperator aino* Bryk, 1932に先取されており，異物同名として命名規約上は無効である。

　このうち1♂はドイツの標本商バン-ハースO.Bang-Haasの元へ送られ，残り2♂♂は中原氏が所蔵し，その後，完模式標本は東京の国立科学博物館に収蔵されている。また1♂の副模式標本は現在，札幌の舘山一郎氏が所蔵されている。さらに，大阪市立自然史博物館には，ポール・ジャクレーのコレクションに由来する1♂が収蔵されている（日浦，1969）。オランダ・ライデン自然史博物館のアイスナーコレクションには，異他模式標本Ideotypeの1♂の標本のほかに，5♂♂♂の標本がある。ラベルにはアカボシゴマダラ/11.7.27/得利寺[！]と書かれた紙切れと，Tomurauschi（sic）などのデータが記されている。残りの標本には日付のデータがない。これらはバン-ハースから購入したらしい（小岩屋，1988）。では，中原が彼に送ったという1♂の標本はどこへ行ったのだろうか。もし売却されずシュタウディンガー＆バン-ハース商会のコレクションに残っていたならば，これを引き継いだコッチェの手を経て，ドイツ・ドレスデンの博物館あたりに残っていそうである。

図28　*P. bremeri aino* の原記載

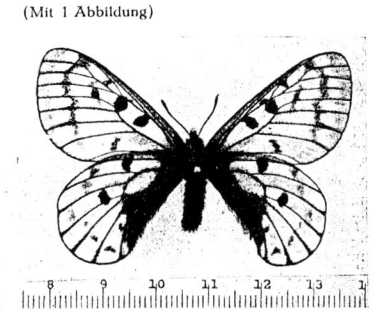

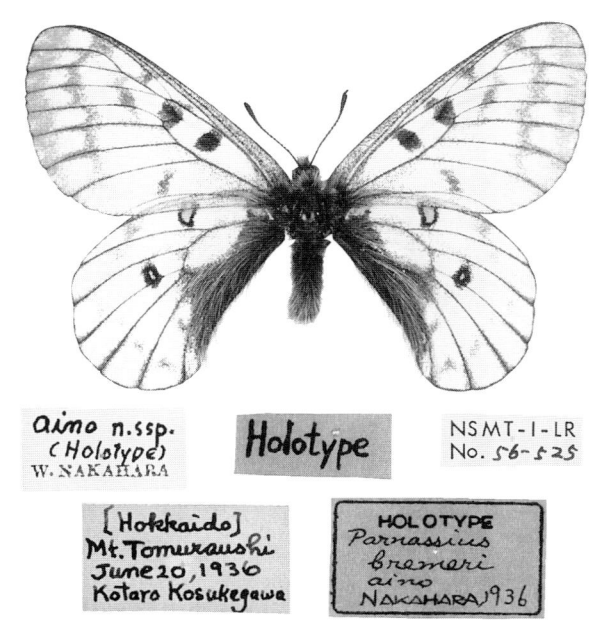

写真46　アカボシウスバの完模式標本

このように，正式な記録としては3♂♂しかないはずなのに，実際にはじつに多くの日本産アカボシウスバの模式標本ががこの世に存在する。

中原は北海道のアイヌに因んで種名をつけたと思われるが，ブリークによるミカドウスバの亜種名 *aino* は，夫人の名前である Aino に献名したものである。おそらく偶然の一致であろう。

以後はまったく記録がなく，分布疑問種である。朝鮮半島南部産と類似する特徴が見られ，故意による作為的な誤報だとする意見が強い（小岩屋，1988）。

2. オオアカボシウスバ
Parnassius nomion japonicus O. Bang-Haas

北海道の十勝岳で1935年7月，加藤應彦によって4♂♂が採集され，山本辰夫を経て平山修次郎に標本が渡り，報告された（平山，1936）。このうちの1♂と思われる標本が，東京の国立科学博物館に所蔵されている。そのデータは1935年7月19日，十勝岳になっている。平山から中原和郎の手に渡り，博物館にはいったものであろう。また，別の1♂が中原から札幌の舘山一郎氏に譲られている。データは単にトムラウシ岳になっていて，日付はない。

ドイツのバン-ハースがトムラウシ山，十勝岳産の4♂♂を基に ssp. *japonicus* として記載した（Bang-Haas, 1937）。発表したのはウスバキチョウの ssp. *sasai* と同時で，アカボシウスバの記載と同じ雑誌である。しかし，6月（Juni）のデータになっている。標本の入手経路については，詳しいことが書かれておらず，図示もない。上記の平山が報告に使用した標本ではなさそうである。

オランダ・ライデン自然史博物館にあるアイスナーのコレクションには，Cotype（Syntype）のラベルがついている3♂♂がある。これはバン-ハースの収集品に由来するもので，そのデータは Juni, 35〔1935年6月〕，Mt. Tomuraushi となっている。本種もアカボシウスバ同様に以後の記録がなく分布疑問種である。朝鮮半島北部産や中国東北部（旧満洲）産とよく似ているという指摘がある（小岩屋，1980）。

アカボシウスバとオオアカボシウスバの2種についてはその後報告が一切なく，作為的な誤報だとみなされることが多い。アカボシウスバについては，ウラジオストクのロシア科学アカデミー生物学・土壌学研究所にはクレンツォフのコレクションに由来する，国後島産の1♂の標本が現存する（猪又・岩本，1989；高橋・淀江，1996）。また，サハリン（樺太）では，ホェブスウスバ *P. phoebus* が最近になって見つかっている。国後島の記録は，あながち誤報だとはいえないとする意見もでている。しかし北海道本島での棲息は，まず考えられない。

大雪山系の高山帯で記録された蝶類

　大雪山系の高山帯（概ね標高 1700 m 以上）ではいわゆる高山蝶 5 種（ウスバキチョウ，アサヒヒョウモン，ダイセツタカネヒカゲ，クモマベニヒカゲ，カラフトルリシジミ）のほかに，層雲峡温泉，天人峡温泉，旭岳温泉（湧駒別温泉）など山麓の樹林帯から飛来したと思われる蝶類がしばしば観察される。

　これまでに河野(1930)，小佐々ほか(1955)，諏訪(1976)などのまとまった記録がある。私は 30 年近くにわたって大雪山系で観察を続けており，その記録と併せてここにまとめた。＊印は私の観察した種である。

〈アゲハチョウ科〉
　ウスバキチョウ　*Parnassius eversmanni*＊
　キアゲハ　*Papilio machaon*＊：北海岳の肩，沼ノ原で終齢幼虫を観察した。
　カラスアゲハ　*Papilio bianor*＊
　ミヤマカラスアゲハ　*Papilio maackii*＊

〈シロチョウ科〉
　モンキチョウ　*Colias erate*＊
　エゾシロチョウ　*Aporia crataegi*＊：コマクサで吸蜜していた。
　エゾスジグロシロチョウ　*Pieris napi*＊
　スジグロシロチョウ　*Pieris melete*＊
　モンシロチョウ　*Pieris rapae*＊

〈ジャノメチョウ科〉
　クモマベニヒカゲ　*Erebia ligea*＊
　ダイセツタカネヒカゲ　*Oeneis melissa*＊
　ヒメキマダラヒカゲ　*Zophoessa callipteris*＊
　クロヒカゲ　*Lethe diana*＊
　ヤマキマダラヒカゲ　*Neope niphonica*＊
　シロオビヒメヒカゲ　*Coenonympha hero*＊

〈タテハチョウ科〉
　アサヒヒョウモン　*Clossiana freija*＊
　ホソバヒョウモン　*Clossiana thore*＊
　ミドリヒョウモン　*Argynnis paphia*＊
　ウラギンヒョウモン　*Fabriciana adippe*：小佐々(1955)
　ギンボシヒョウモン　*Speyeria aglaja*：小佐々(1955)
　オオイチモンジ　*Limenitis populi*＊
　ミスジチョウ　*Neptis philyra*＊
　サカハチチョウ　*Araschnia burejana*：小佐々(1955)
　シータテハ　*Polygonia c-album*＊
　エルタテハ　*Nymphalis vaualbum*＊：ヒサゴ沼小屋で越冬していた。
　ヒオドシチョウ　*Nymphalis xanthomelas*＊
　キベリタテハ　*Nymphalis antiopa*＊
　クジャクチョウ　*Inachis io*＊
　コヒオドシ　*Aglais urticae*＊：白雲小屋で越冬していた。
　コムラサキ　*Apatura metis*：河野(1930)
　アカタテハ　*Vanessa indica*＊
　ヒメアカタテハ　*Cynthia cardui*＊

〈シジミチョウ科〉
　アカシジミ　*Japonica lutea*：河野(1930)；三上(1993)
　カラスシジミ　*Fixsenia w-album*＊
　トラフシジミ　*Rhapala arata*＊
　ルリシジミ　*Celastrina argiolus*＊
　カラフトルリシジミ　*Vacciniina optilete*＊

アルプスギンウワバ *Syngrapha ottolenguii*

大雪山系の高山蛾

〈ハマキガ科〉
　　タカネハマキ　*Lozotaenia kumatai*
　　コスギハマキ　*Lozotaenia forsterana*
　　ダイセツチビハマキ　*Clepsis insignata*
　　ミヤマキハマキ　*Clepsis aliana*
　　カワベタカネヒメハマキ　*Apotomis kusunokii*
　　イソツツジノメムシガ　*Selenodes lediana*
　　タカネナガバヒメハマキ　*Olethreutes schulziana*
　　シロマダラヒメハマキ　*Olethreutes bipunctana yama*
　　ムツウラハマキ　*Daemilus mutuurai*
　　コシモフリヒメハマキ　*Cymolomia jinboi*
　　ニシベツヒメハマキ　*Ancylis unguicella*
　　ミヤマヤナギヒメハマキ　*Epinotia cruciana*
　　ハイマツコヒメハマキ　*Epinotia pinicola*
　　アカムラサキヒメハマキ　*Gypsonoma erubesca*
　　ダイセツヒメハマキ　*Eriopsela quadrana*
　　セシロヒメハマキ　*Rhopobota ustomaculata*
　　オオウンモンホソハマキ　*Hysterosia vulneratana*
　　フタテンホソハマキ　*Phtheochroa inopiana*
　　ダイセツホソハマキ　*Aethes deutschina*
〈シャクガ科〉
　　クロモンミヤマナミシャク　*Xanthorhoe fluctuata malleola*
　　タカネナミシャク　*Xanthorhoe sajanaria*
　　シロテンサザナミナミシャク　*Entephria amplicosta*
　　ソウウンクロオビナミシャク　*Viidaleppia taigana sounkeana*
　　コウノエダシャク　*Elophos vittaria kononis*
　　ダイセツタカネエダシャク　*Glacies coracina daisetsuzana*
〈ドクガ科〉
　　ダイセツドクガ　*Gynaephora rossii daisetsuzana*
〈ヒトリガ科〉
　　ダイセツヒトリ　*Grammia quenseli daisetsuzana*
〈ヤガ科〉
　　ホッキョクモンヤガ　*Agrotis ruta*
　　アルプスヤガ　*Xestia speciosa*
　　ダイセツヤガ　*Xestia albuncula*
　　コイズミヨトウ　*Anarta melanopa koizumidakeana*
　　ダイセツキシタヨトウ　*Anarta carbonaria*
　　オーロラヨトウ　*Lasionycta skraelingia*
　　クロダケタカネヨトウ　*Sympistis funebris*

ロシア極東・ゴルヌィ

1. 1995年

7月7日 ゴルヌィ・バザルスキー地域

ゴルヌィ Gornyi の町から30分ぐらい車に乗り，10kmほど北西にあるダフリアカラマツ・エゾマツ・トドマツ林へ行く。午前11時ごろから成虫が飛びはじめ，11時57分には標高570m付近の林道ぞいで♂を撮影する。地上1mぐらいをすばやく飛び，なかなかとまらない。

エゾシロチョウが多く，エゾスカシユリの紅色の花粉をつけているものは，本種と紛らわしい。食草と思われるカラフトオオケマン Corydalis gigantea は，沢ぞいに大きな群落があり，赤紫色の花がちょうど満開であった。カラフトタカネキマダラセセリとタカネキマダラセセリが混棲しているのが興味深い。

午後4時ごろから急に雨が降り，30分ほどで上がる。そして，マルバシモツケの花に♂が翅を開いてとまっている。翅に水滴がつき，撮影中に翅を閉じた。すでにかなり飛び古した個体である。マルバシモツケの花にシジミチョウ科の終齢幼虫がいたが，翌年になって羽化したのはニセコツバメ Callophrys frivaldszkyi だった。

翌日から毎日のように通うが，ウスバキチョウは1日に2-3頭ぐらいしか見ない。それもほとんどが汚損していた。触角のない♂がフラフラと地上に落ちてきたこともある。おそらく，クモにでも捕食されそうになったのではないか。

ガレ場ではアカボシウスバがおり，まだ新鮮な個体が見られた。岩礫の上に静止する，翅が軟らかい羽化直後の♀も観察した。ゴルヌィの町の裏山にあるガレ場では，たくさんのアカボシウスバが飛んでいたが，すでにかなり傷んでいた。

7月12日 フルスタルニィ川

ゴルヌィからコムソモリスク・ナ・アムーレ方向へもどる道ぞいにあるソルネチニィへの途中にある分岐から，北側の林道にはいる。フルスタルニィ川 Hrustalnii Creek と呼ばれる小さな川があり，凹地のような伐採地で車を降りる。標高430-440m。

トドマツなどの伐採跡地で，樹木を少し切り残して焼いているらしく，黒焦げになった倒木や立ち枯れが点在する湿原である。カラフトイソツツジ(エゾイソツツジ)の群落が一面にびっしり生えている。ホザキシモツケ，オニシモツケ，ヤナギランなどの群落がある。朝はどんより曇っていたが，午前11時ごろから薄日が差しはじめ，気温が上がる。11時19分，ウスバキチョウの♂が太陽を浴びて飛ぶ。これを機に次から次へと飛びだしてきた。

カラフトイソツツジの群落上をすばやく飛び，ほとんどとまらない。吸蜜もしないので，追いかけるとシラカンバの幼木の上を軽く飛び越えて逃げ去る。♂は黄色型のほかに，白色のものや，中間型のクリーム色まで見られる。午後1時ごろまでさかんに飛んだ。その後は曇りはじめ，あまり飛ばなくなった。この場所にあるカラフトオオケマンはもうほとんど花が散っていた。

♀はまだ数が少なく，カラフトオオケマンの群落のなかにもぐり込んで，産卵行動らしきものをしているのが観察された。

2. ゴルヌィで見られた蝶類(1995年7月6日-12日)

〈アゲハチョウ科〉
　ウスバキチョウ Parnassius eversmanni
　ヒメウスバシロチョウ Parnassius stubbendorfii
　アカボシウスバ Parnassius bremeri
　キアゲハ Papilio machaon
　アゲハチョウ Papilio xuthus
　ミヤマカラスアゲハ Papilio maackii
〈シロチョウ科〉
　ヒメシロチョウ Leptidea amurensis
　モンキチョウ Colias erate
　ミヤマモンキチョウ Colias palaeno
　アムールモンキチョウ Colias tyche (= melinos)
　ベニモンキチョウ Colias heos
　エゾシロチョウ Aporia crataegi

写真47 稜線は伐採されている

ミヤマシロチョウ　*Aporia hippia*
エゾスジグロシロチョウ　*Pieris napi*
モンシロチョウ　*Pieris rapae*
チョウセンシロチョウ　*Pontia daplidice*
クモマツマキチョウ　*Anthocharis cardamines*
〈ジャノメチョウ科〉
　クモマベニヒカゲ　*Erebia ligea*
　ベニイロモンヒカゲ　*Erebia edda*
　シロオビヒメヒカゲ　*Coenonympha hero*
　チョウセンジャノメ　*Aphantopus hyperantus*
　ツマジロウラジャノメ　*Lasiommata deidamia*
　チャモンウラジャノメ　*Lasiommata petropolitana*
　ウラジャノメ　*Lopinga achine*
〈タテハチョウ科〉
　チョウセンコムラサキ　*Apatura iris*
　ヒメアカタテハ　*Cynthia cardui*
　シータテハ　*Polygonia c-album*
　ヒオドシチョウ　*Nymphalis xanthomelas*
　キベリタテハ　*Nymphalis antiopa*
　エルタテハ　*Nymphalis vaualbum*
　クジャクチョウ　*Inachis io*
　コヒオドシ　*Aglais urticae*
　オオイチモンジ　*Limenitis populi*
　ナガサキイチモンジ　*Limenitis helmanni*
　フタスジチョウ　*Neptis rivularis*
　アカマダラ　*Araschnia levana*
　サカハチチョウ　*Araschnia burejana*
　ミドリヒョウモン　*Argynnis paphia*
　ギンボシヒョウモン　*Speyeria aglaja*
　コヒョウモン　*Brenthis ino*
　ホソバヒョウモン　*Clossiana thore*
　カラフトヒョウモン　*Clossiana iphigenia*
　チビヒョウモン　*Clossiana selenis*
　ミヤマヒョウモン　*Clossiana euphrosyne*
　ミヤケヒョウモン　*Clossiana angarensis*
　クロコヒョウモンモドキ　*Mellicta plotina*
　コヒョウモンモドキ　*Mellicta ambigua*
　カラフトヒョウモンモドキ　*Hypodryas intermedia*
〈シジミチョウ科〉
　コウジレイシジミ　*Cyaniris semiargus*
　カバイロシジミ　*Glaucopsyche lycormas*
　スモモシジミ（リンゴシジミ）*Fixsenia pruni*
　アカシジミ　*Japonica lutea*
　ヒメシジミ　*Plebejus argus*
　ウスルリシジミ　*Polyommatus icarus*

ツンドラヒメシジミ　*Polyommatus artaxerxes*
アサマシジミ　*Lycaeides subsolanus*
ミヤマシジミ　*Lycaeides argyrognomon*
カラフトルリシジミ　*Vacciniina optilete*
タカネルリシジミ　*Albulina orbitulus*
ニセコツバメ（幼虫）*Callophrys frivaldszkyi*
〈セセリチョウ科〉
　シラホシチャマダラセセリ　*Spialia orbifer*
　チャマダラセセリ　*Pyrgus maculatus*
　カラフトセセリ　*Thymelicus lineola*
　チョウセンキボシセセリ　*Heteropterus morpheus*
　タカネキマダラセセリ　*Carterocephalus palaemon*
　カラフトタカネキマダラセセリ　*Carterocephalus sylvicola*
　コキマダラセセリ　*Ochlodes venatus*

ロシア極東・ヴィソコゴルヌィ

1996年

7月3日 コムソモリスク・ナ・アムーレ-ヴィソコゴルヌィ

コムソモリスク・ナ・アムーレ Komsomolisk-na-Amure からヴィソコゴルヌィVysokogornyi へ向かう列車から成虫が飛んでいるのを観察した。ちょうどモンゴリナラの林がなくなる付近から，ところどころに草原が広がり，ダフリアカラマツ林がめだつようになる。

午前11時50分，標高290 mでウスバキチョウの♂が飛んでいた。クモマツマキチョウもいる。この1時間ほど前には，アカボシウスバがヤナギランの咲く，疎林内の草原を飛んでいた。午後2時12分，ウスバキチョウの♂が2頭飛んでいた。標高750 mである。5分後にも見られ，標高は800 m。トンネルがあり，この付近が峠(分水嶺)になる。すぐクズネツォフスキーKuznetsovskij の駅に着いた。2時39分には，標高730 mでも成虫を観察した。クモマツマキチョウの♂が飛んでいる。3時ちょうどにヴィソコゴルヌィの駅(標高580 m)に着く。町の外れのダフリアカラマツ林内に建てられたコンテナハウスのような宿舎に泊まったが，この付近でもウスバキチョウを観察した。ただし，数は多くない。林床には，カラフトイソツツジがびっしり生えている。

7月4日 ヴィソコゴルヌィ

クズネツォフスキーの駅(標高860 m)近くの踏み切りを渡り，北の方向に坂を下っていると，午後2時5分にウスバキチョウが飛んだ。オオイチモンジもいる。湿地にカラフトオオケマンの群落があった。ヒメウスバシロチョウが見られた。3時5分，さらに下った林道ぞいの草地でウスバキチョウの♂が数頭見られた。標高660 mである。クサフジなどで吸蜜する。3時45分，エゾスカシユリの赤橙色の花粉をつけた個体が樹上高くを飛ぶ。

7月7日 ヴィソコゴルヌィ

午前9時55分に現地へ着くと，もうウスバキチョウが飛んでいた。林道ぞいを往復飛翔したり，地上に翅を開いてとまる。また，地上6-7 mのダケカンバの樹上にある葉表にとまる。クサフジやアカツメクサ，ノコギリソウの一種などで吸蜜する。ほとんどが♂で，♀はあまり飛ばない。♀は飛び立つと，すぐに姿を消してしまう。午前11時ごろまで，たくさんの♂を見た。

正午すぎから，7月3日に列車から目撃した場所へ行ってみることにする。

1時間ほど歩いて線路にぶつかり，後はこれにそってコムソモリスク・ナ・アムーレの方角へ向かう。エゾスカシユリの花にウスバキチョウの♀がとまって吸蜜しており，これを撮影していたら，一段下の草原のほうへ飛び去った。それを追いかけて草原に降りると，♂がたくさん群れ飛んでいた！ まさに，誰もいない地上の楽園である。

2時39分に♂がヤナギランで吸蜜する。この花のところで待っていると，次から次へと飛んでくる。凹地は小川が蛇行し周辺が湿地状になっており，そこにカラフトオオケマンの群落があった。花はすでに咲き終わっている。付近を歩きまわると♀が足元から飛び立ち，再びブッシュのなかにとまるので，すぐに姿を見失う。♂は3時をすぎても活発に飛んでいる。

4時50分，夕日を浴びてホザキシモツケの花に♀が吸蜜にきた。これがこの日，最後に見た個体であった。

写真48　棲息地の湿原

写真49　ダフリアカラマツ・シラカバ林

2. ヴィソコゴルヌィで見られた蝶類（1996年7月6日-12日）

〈アゲハチョウ科〉
　ウスバキチョウ *Parnassius eversmanni*
　ヒメウスバシロチョウ *Parnassius stubbendorfii*
　キアゲハ *Papilio machaon*
　ミヤマカラスアゲハ *Papilio maackii*

〈シロチョウ科〉
　エゾヒメシロチョウ *Leptidea morsei*
　モンキチョウ *Colias erate*
　ミヤマモンキチョウ *Colias palaeno*
　エゾシロチョウ *Aporia crataegi*
　ミヤマシロチョウ *Aporia hippia*
　エゾスジグロシロチョウ *Pieris napi*
　モンシロチョウ *Pieris rapae*
　チョウセンシロチョウ *Pontia daplidice*
　クモマツマキチョウ *Anthocharis cardamines*

〈ジャノメチョウ科〉
　シロオビヒメヒカゲ *Coenonympha hero*
　キイロヒメヒカゲ *Coenonympha amaryllis*
　ユーラシアヒメヒカゲ *Coenonympha glycerion*
　チョウセンジャノメ *Aphantopus hyperantus*
　カンキョウタカネヒカゲ *Oeneis urda*
　オオタカネヒカゲ *Oeneis magna*
　カラフトタカネヒカゲ *Oeneis jutta*
　クモマベニヒカゲ *Erebia ligea*
　キイロヒカゲ *Erebia embla*
　キイロモンヒカゲ *Erebia cyclopia*
　ベニイロモンヒカゲ *Erebia edda*
　ツマジロウラジャノメ *Lasiommata deidamia*
　チャモンウラジャノメ *Lasiommata petropolitana*
　ウラジャノメ *Lopinga achine*

〈タテハチョウ科〉
　ホソバヒョウモン *Clossiana thore*
　カラフトヒョウモン *Clossiana iphigenia*
　チビヒョウモン *Clossiana selenis*
　ミヤマヒョウモン *Clossiana euphrosyne*
　ミヤケヒョウモン *Clossiana angarensis*
　タカネヒョウモン *Clossiana titania*
　チュコトヒョウモン *Clossiana distincta*
　コヒョウモン *Brenthis ino*
　ミドリヒョウモン *Argynnis paphia*
　メスグロヒョウモン *Damora sagana*
　ギンボシヒョウモン *Speyeria aglaja*
　ウラギンヒョウモン *Fabriciana adippe*
　コヒョウモンモドキ *Mellicta ambigua*
　ギンボシヒョウモンモドキ *Melitaea diamina*
　アムールヒョウモンモドキ *Melitaea sutschana*
　カラフトヒョウモンモドキ *Hypodryas intermedia*
　オオイチモンジ *Limenitis populi*
　ナガサキイチモンジ *Limenitis helmanni*
　イチモンジチョウ *Limenitis camilla*
　オオキイロミスジ *Neptis thisbe*
　フタスジチョウ *Neptis rivularis*
　ホシミスジ *Neptis pryeri*
　アカマダラ *Araschnia levana*
　サカハチチョウ *Araschnia burejana*
　シータテハ *Polygonia c-album*
　エルタテハ *Nymphalis vaualbum*
　ヒオドシチョウ *Nymphalis xanthomelas*
　キベリタテハ *Nymphalis antiopa*
　クジャクチョウ *Inachis io*
　コヒオドシ *Aglais urticae*
　アカタテハ *Vanessa indica*

〈シジミチョウ科〉
　コウジレイシジミ *Cyaniris semiargus*
　カバイロシジミ *Glaucopsyche lycormas*
　スモモシジミ（リンゴシジミ）*Fixsenia pruni*
　アサマシジミ *Lycaeides subsolanus*
　ミヤマシジミ *Lycaeides argyrognomon*
　カラフトルリシジミ *Vacciniina optilete*
　ニセコツバメ（幼虫）*Callophrys frivaldszkyi*
　ミドリコツバメ *Callophrys rubi*
　ベニシジミ *Lycaena phraeas*

〈セセリチョウ科〉
　ヒメミヤマセセリ *Erynnis tages*
　ヒメチャマダラセセリ *Pyrgus malvae*
　チョウセンキボシセセリ *Heteropterus morpheus*
　タカネキマダラセセリ *Carterocephalus palaemon*
　カラフトタカネキマダラセセリ *Carterocephalus sylvicola*

アメリカ合衆国アラスカ・ノーム

ノーム Nome のウスバキチョウのポイントは，以下に記すようにおおよそ4つある。どこでも広く薄く分布しているようである。今回はテラー道路が最も個体数が多かった。♂の個体はすでにかなり汚損したものがほとんどだったが，それでも♀は未交尾のものが見られた。

①テラー道路 Teller Road
②アンヴィル谷 Anvil Valley
③テイラー道路 Taylor Road
④カウンシル道路 Council Road

おもに①のテラー道路ぞいで撮影した。スワォード半島の西側の海岸ぞいにあるテラーの町まで71マイル(約114 km)あり，ノームの町を外れると，未舗装の砂利道になる。道の両側に標高100-400 m ぐらいの低い山々が続き，それでもまだ雪渓が残っていた。高山植物の花は満開状態である。チョウノスケソウやミネズオウなどの花が咲いている。

1993年

6月28日 テラー道路

午前9時47分に，標高120 m ほどの岩山の山頂に登るが，ウスバキチョウはいなかった。そのうち曇ってきて，何も飛ばない。標高70 m ほどの山麓のツンドラ地帯でカラフトルリシジミを撮影する。

午前11時50分，こんもりとした小高い山頂で未交尾のウスバキチョウの♀を見る。標高340 m である。ここで待っていると，♂が数頭飛んできた。♀も同時に飛来する。交尾は見られなかったが，♂♀ともに山頂へ集まってくるようである。ここではキアゲハの♂が多く，ときおりウスバキチョウを追飛する。

標高210 m の樹木が生えていないツンドラ地で，ホェブスウスバ(ミヤマウスバ)の4-5齢幼虫を見つけた。ベンケイソウ科のイワベンケイ *Sedum roseum* を摂食中のものもいた。少し離れた湿地では，成虫も飛んでいる。

午後4時30分から1時間ほど，標高140 m 付近の灌木帯でウスバキチョウがいた。♂はヤナギ科の灌木の周りに蝶道をつくり，すばやく飛ぶ。その近くで待っていると，次から次へと飛んでくる。ときおり地上にとまって日光浴をする。

ヤナギ科の灌木の根元には，食草と思われるアラスカエンゴサク *Corydalis pauciflora* があった。群落はつくらず，小さな株のものが分散して生えている。葉には食痕と，その根元に鱗翅目のものと思われる糞があったが，幼虫は発見できなかった。発生地であることは間違いない。また標高90 m の道路ぞいでも成虫が飛んでいた。

午後9時30分までミヤマモンキチョウが飛んでいる。ちなみに日の出は午前4時32分，日の入りはなんと午前1時38分！(いずれもアラスカ時間。日本との時差は18時間)である。

6月29日 テラー道路

午前10時30分，朝日のあたる小高い丘状の裸地や岩礫地に♂がとまり，日光浴をしていた。1カ所につき2-3頭がかたまっていることがある。標高は220 m ぐらい。かなり汚損しているものが多く，そのうちヤナギ科の灌木の周りで蝶道をつくる。♀も見られる。曇ると地上にとまり，まったく飛ばない。谷間にはヤナギ属の灌木がびっしり生えているが，薮が深く近づけない。クマの糞も多いので早々に退散する。

午前11時20分-午後1時，道ぞいのなだらかな斜面。ホェブスウスバが飛ぶ。ウスバキチョウも中腹の斜面に多い。午後0時30分から曇り，あまり飛ばなくなる。

写真50 ウスバキチョウ♂

写真51 棲息環境

2. ノームで見られた蝶類(1993年6月28日-7月1日)

〈アゲハチョウ科〉
　ウスバキチョウ *Parnassius eversmanni*
　ホェブスウスバ(ミヤマウスバ) *Parnassius phoebus*
　キアゲハ *Papilio machaon*
〈シロチョウ科〉
　ツンドラモンキチョウ *Colias nastes*
　ミヤマモンキチョウ *Colias palaeno*
　ヘクラモンキチョウ *Colias hecla*
　カラクサシロチョウ *Euchloe creusa*
　クサツキシロチョウ *Pontia callidice*
　エゾスジグロシロチョウ *Pieris napi*
〈ジャノメチョウ科〉
　タイリクヒメヒカゲ *Coenonympha tullia*
　ディサベニヒカゲ *Erebia disa*
　ロッシベニヒカゲ *Erebia rossii*
　ダイセツタカネヒカゲ *Oeneis melissa*
　アラスカタカネヒカゲ *Oeneis polixenes*
〈タテハチョウ科〉
　キタヒメヒョウモン *Boloria napaea*
　ヤチヒョウモン *Boloria (Proclossiana) eunomia*
　ホッキョクヒョウモン *Boloria (Clossiana) polaris*
　キタウスズミヒョウモン *Boloria (Clossiana) improba*
　タカネヒョウモン *Boloria (Clossiana) titania*
　キタヤチヒョウモン *Boloria (Clossiana) frigga*
　アサヒヒョウモン *Boloria (Clossiana) freija*
〈シジミチョウ科〉
　カラフトルリシジミ *Vacciniina optilete*
　ヒメカバイロシジミ *Glaucopsyche lygdamus*
　グランドンヒメシジミ *Agriades glandon*

第12章 保護

天然記念物と特別保護地区

1. 天然記念物（文化庁）

ウスバキチョウは1965(昭和40)年5月12日，ダイセツタカネヒカゲ，アサヒヒョウモンとともに地域を定めず，おもな棲息地を北海道として，国の天然記念物に指定された。その理由として「大雪山等に棲息する高山蝶で，わが国の氷河時代の遺存動物」としている(北海道教育委員会，1972)。次いでカラフトルリシジミが1967年5月2日，ヒメチャマダラセセリが1975年2月13日，それぞれ地域を定めず国の天然記念物に指定された。

さらに，大雪山自体が1971(昭和46)年4月23日に国の天然記念物に指定され，現在は特別天然記念物となっている。その摘要として「各種の高山植物の生育が良好であり，さらに高山蝶等氷河時代の遺存動物およびエゾシカ，エゾテンなどの多数の動物が生息し，北海道最大の針葉樹林で，良く自然が保たれている」ことを挙げている。つまりウスバキチョウは，種と棲息地である大雪山の二重に，天然記念物指定されていることになる。

国の天然記念物を採集するためには，現状変更（標本の採取）を文化庁長官に申請しなければならない。これは文化財保護法(昭和25年法律214号)第80条第1項に規定されており，もしこの法律に違反すると[5年以下の懲役又は20万円以下の罰金]に処せられる。

2. 国立公園・特別保護地区（環境庁）

いっぽう，同様に国の機関である環境庁の自然保護局が統括する"国立公園"がある。1872年，アメリカ合衆国でイエローストーンが国立公園に指定されたのが嚆矢とされ，これを基にして各国で同様な指定が行なわれるようになった。日本では1931年に「国立公園法」が制定され，大雪山は中部山岳とともに，1934年12月4日に，国立公園に指定された。総面積は230,894 ha (約2300 km²)で日本最大，神奈川県全体の広さにほぼ匹敵する。私有地が多い全国の国立公園のなかで特徴的なのは，大雪山国立公園の96.9%が国有林に含まれ，残りは道有林となっており，私有地がないことである。

1957年に法律が改正され「自然公園法」(昭和32年法律第161号)と名称が変わった。その第2条第2項には「わが国の風景を代表するに足りる傑出した自然の風景地で，環境庁長官が第10条第1項の規定により指定するものを『国立公園』という」と記されている。いっぽう"国定公園"は国が指定し，実質的には都道府県が管轄するものである。このほかに国の指定による"原生自然環境保全地域"がある。

大雪山では1977年12月28日に十勝川源流部が，大雪山国立公園から切り離され「自然環境保全法」に基づき，"原生自然環境保全地域"(1035 ha)に指定されている。

国立公園のなかで，とくに自然を保護する必要がある地域については"特別保護地区"が指定されている。自然公園法第18条において「環境庁長官は，国立公園または国定公園の景観を維持するため，特に必要があるときには公園計画に基づいて，特別地域内に特別保護地区を指定することができる」と記されている。とくに第3項において「動植物の捕獲または殺傷，卵の採取にあたっては，環境庁長官の許可が必要である」とされる。大雪山では高山帯の大部分が"特別保護地区"に指定されており，その総面積は35,552 ha (大雪山国立公園全体の15.4%)に及ぶ。このほかは，特別地域(第1種から第3種まで)と普通地域に分けられる。ランクが下がるごとに，植物の伐採などの規制がゆるやかになる。

もし国立公園内の特別保護地区で動植物の採集（現状変更）をしようとすれば「自然公園法」第18条第3項の規定により，環境庁長官に許可を申請しなければならない。もしこれに違反すると，[6カ月以下の懲役又は10万円以下の罰金]に処せられる。

以上，もしウスバキチョウを大雪山で採集しようと思えば，法律的には文化庁と環境庁の2つの許可が必要ということになる。このほか，大雪山国立公園の大部分は国有林で，これを管理している管轄の森林管理署(林野

大雪山国立公園略図

図29　大雪山国立公園略図（写真集・大雪山，1973より）

庁）の入林承認証も必要である。それ以外は道有林（北海道庁）の管轄になる。実際には，前記の2つの許可があれば，たいていすぐに許可が下りる。

しかし文化庁と環境庁の許可は，申請する人の実績や明確な目的がなければ下りないのが一般的で，とくに個人に対しては，特別な理由がない限り認可されにくい。

レッドデータ・ブック

1. 世界的な調査

国際自然保護連合（I.U.C.N.）による世界的な規模における絶滅の恐れのある動植物の棲息の現状などを報告した，いわゆる"レッドデータ・ブック Red Data Book"が1966年（初版）に発行された。さらに各国では，それぞれ独自に動植物のレッドデータ・ブックを発行するようになった。

世界のアゲハチョウ科については，"Threatened Swallowtail Butterflies of the World. The IUNC Red Data Book 絶滅の恐れがある世界のアゲハチョウ類レッドデータ・ブック"（Collins & Morris, 1985）が発行されている。

これによると，その選定区分（カテゴリー）は次のよう

なものである。

Extinct（Ex，絶滅種）：過去50年以上，野生状態で棲息が確認できない種類。

Endangered（E，絶滅危惧種）：絶滅の恐れがある分類群で，もし絶滅の原因となりうる要因が続けば，存続できないもの。

Vulnerable（V，危急種）：もし絶滅の原因となりうる要因が続けば，絶滅危惧となりうる分類群。

Rare（R，希少種）：現在では絶滅の危惧はなく，危急でもないが，棲息地が限られその危険がある分類群。

Indeterminate（I，不確定種・現状不明種）：過去の30～50年間に記録があり，上記の3つの範疇のいずれかにあてはまるが，情報が少なく確定できない分類群。

Insufficiently Known（K，情報不足種）：情報が少なく，上記の3つの範疇のいずれか判定できない分類群。

この報告書が基になり，絶滅の恐れがある動植物の国際間における取引の制限に関する取り決めが，話しあわれた。1972年にスウェーデンのストックホルムで世界自然保護国際会議が開かれ，翌1973年にワシントンの国連で，絶滅の恐れがある動植物の輸出入禁止が議題になった。1975年にはワシントン条約として10カ国が批准し，発効した。日本は1980年に，ようやくこの条約を批准している。

この付属表Ⅰでは，絶滅危惧種（商取引により絶滅の危険がある種）が挙げられ，蝶類ではホメロスアゲハ，アレクサンドラトリバネアゲハ，ルソンカラスアゲハ，コルシカキアゲハの4種類が含まれている。付属表Ⅱでは危急種（商取引を管理しなければ絶滅の危険が起こりうる種）が掲載され，アポロウスバなどが挙げられている。これらのカテゴリー（範疇）については，判定基準が曖昧であるなどの批判もある。これに対して，改定や追加を行なおうとする動きもある。

柴谷（1993）によれば，旧ソ連邦（現在のロシア）では1984年に蝶類のレッドデータ・ブックが発行されている。その付表Ⅱにウスバキチョウ *Parnassius eversmanni* が掲載されている。1989年には改定案が出され，付表Ⅱにウスバキチョウをいれるのは不適当だとしている。しかし，その近似種 *P. felderi* は，付表Ⅰに登録すべきだという提案がされた。ロシアでは *felderi* を *eversmanni* とは別種だという見解をとることがある。

ウスバキチョウは，ロシアのレッドデータ・ブックにおいて，"Vulnerable（危急種）"の判定がされているが，世界的にみると，現状ではとくに絶滅の危機にはないとしている（Collins & Morris, 1985）。

1995年と1996年に我々がロシア連邦・沿海州などで調査した限りでは，ウスバキチョウの個体数は多く，すぐに絶滅する心配はないと思われる。ただし，棲息環境は伐採跡の草地が多く，その植生が安定しないかもしれない。Ssp. *felderi* については，根本（1995）がシンガンスクなどの棲息地を訪れて報告している。ロシア連邦・沿海州と同様に蝶の個体数は多く，すぐに絶滅の危機はないと思われる。

2. 日本における調査

日本の環境庁ではこれらの諸外国の動きに触発され，1986年から「緊急に保護を要する動植物の種の選定調査」をはじめ，1989年末にようやく結果が取りまとめられた（環境庁編，1991）。その選定区分は次のようなものである。

絶滅種（Extinct, Ex）：過去に日本に棲息していたことが確認されているが，すでに絶滅したと考えられる種，または亜種。信頼できる調査等で絶滅が確認されたり，過去50年以上，棲息の記録がないもの。

絶滅危惧種（Endangered, E）：絶滅の危機に瀕している種，または亜種。現在知られている個体群で，個体数が著しく減っている。また，その棲息環境が著しく悪化しているもの。

危急種（Vulnerable, V）：絶滅の危険が増大している種，または亜種。大部分の個体群で，個体数が大幅に減少しており，その棲息環境も明らかに悪化しつつあるもの。

希少種（Rare, R）：存続基盤が脆弱な種，または亜種。棲息環境が変われば，容易に絶滅危惧種や危急種に移行する恐れがあるもの。

地域個体群（Local population, L）：保護に留意すべき地域の個体群。

ウスバキチョウは"希少種"と判定された。その判定基準は，棲息地が限られ生活史を高山帯という特殊な環境に依存していることによるとされる。ほかにはヒメチャマダラセセリ，タカネキマダラセセリ，オガサワラセセリ，アサヒナキマダラセセリなどが，同ランクに挙げられている。

絶滅危惧種としては，蝶ではオオウラギンヒョウモン，ゴイシツバメシジミの2種が挙げられているのみである。危急種としてはギフチョウ，ルーミスシジミ，ヒョウモンモドキ，タカネヒカゲなどがある。

確かにウスバキチョウは大雪山においてすぐに絶滅する心配はないと思われるが，現地での最新の調査はまったく行なわれていない。判定はいずれも専門家による検

討会で決められたものである。文化庁は天然記念物に指定しているが，せめて現状だけでも把握すべきだと私は考える。とくにニペソツ山や石狩連峰などの地域個体群は絶滅に瀕しており，早急な調査と対策が必要であろう。

保護の現状

　皮肉なことに，1965年にウスバキチョウが国の天然記念物に指定されてから，減少しているのは明らかである。採集許可を取らないいわゆる"密猟"が増えている。これは文化庁の保護行政の貧困さにも起因すると思われる。単に天然記念物に指定するだけで，具体的な保護対策に予算が向けられていないからである。環境庁では営林署とともに監視パトロールをしているが，これも十分とはいえない。全シーズン中，監視するのは不可能に近いであろう。もっとも，チョウの減少を具体的に示すデータはなく，密猟と因果関係を結びつけるのは難しい。減少にはほかにもさまざまな要因があるのかもしれない。

　そのおもなものに，登山者の増加による環境の悪化や，食草であるコマクサの減少が挙げられる。

　黒岳では1967年6月に層雲峡から黒岳五合目(標高1300 m)までロープウェイが完成し，保田(1975)によれば，登山者数は前年比の6倍以上も増加した。1970年には，五合目から七合目(標高1700 m)までのリフトが完成して倍増した。これらの利用により，七合目から黒岳山頂(標高1984 m)まで，1時間ほどで登ることができるようになった。山頂からは15分ぐらいで黒岳石室の営業小屋(夏季のみ)に至るので，以後は飛躍的に登山者が増えた。とくに，1984年は黒岳の標高(1984 m)と同じ"標高年"にあたり，登山者がずいぶん増加した。

　他方，旭岳では1967年12月に湧駒別温泉(現在の旭岳温泉)から天人ヶ原(標高1390 m)まで，ロープウェイが引かれ，翌年10月に姿見(標高1600 m)まで延長された。このルートも，同様に登山者が急増している。

　1954年9月26日に台風15号(洞爺丸台風)が大雪山一帯を襲った。とくに樹林帯に多大な被害を与え大量の風倒木がでたので，この処理のため林道が整備された。

写真52　美瑛岳から見た十勝岳

銀泉台までの赤岳観光道路は以前から計画されていたが，1959年に旧銀泉台(標高1300m)までの道路が開通し，風倒木の処理もほぼ同じころに終わる。1964年には現在の銀泉台(標高1500m)までの道路が完成して観光客がどっと押しかけたため，すぐ近くにある高山植物群落地の第一花苑やコマクサ平が大いに荒廃した。

黒岳と旭岳の2カ所のロープウェイの設置は，当初計画されていた赤岳・銀泉台より白雲岳，旭岳から旭岳温泉に抜ける大雪山横断道路(道道旭川大雪山層雲峡線)を中止する代案とされている。1962年には北海道自然保護協会が設立されて，自然保護運動が急速に高まり，1967年に道路建設は一時中止された。それでも1973年ごろまでは，銀泉台より上方に向かって700mほど自動車道路が延長され，中止になってからは植生回復のため植林が行なわれた。1999年現在，ダケカンバなどがようやく鬱蒼と繁ってきたが，元にはもどっていない。完全に復元するには，数百年はかかるであろう。

ウスバキチョウは表大雪山系以外ではトムラウシ山，十勝連峰(オプタテシケ山-美瑛富士-上ホロカメットク山-境山-富良野岳)，東大雪山系の石狩連峰(石狩岳-音更山-ユニ石狩岳)，ニペソツ山にも分布するが，十勝連峰以外はきわめて数が少ない。十勝岳は，もともと個体数が少なかったと思われるが，1962年6月29日に十勝岳が大噴火を起こし，本峰直下の火口付近一帯は火山灰で覆われた。現在でも噴煙は収まっていない。有史以来，何度も噴火を繰り返しており，植生もまだ回復していない。この一帯での棲息は，現状では困難であろう。

私は1998年と1999年にこれらの地域を調査したが，全体的にコマクサ群落が少なく，棲息環境もよくなかった。石狩連峰やニペソツ山ではウスバキチョウの最近の記録が非常に少なく，同様に憂慮される状況である。ただし石狩連峰では1971年に登ったときより，コマクサが増えており，蝶に関しても何らかの保護対策が必要であろう。

赤岳のコマクサ平は1964年に銀泉台まで道路がのびたおかげで登山者が急激に増え，昭和40年代には高山植物が踏みつけられて，コマクサもずいぶん減ってしまった。その後に，故・狐塚定央氏ら営林署員が種を蒔いて増殖をはかった。それが20年ほど経って，現在ずいぶん花をつけている。ところが，再び盗採の憂き目に遭っているようである。

このようにウスバキチョウを保護するためには，単に蝶自体を天然記念物に指定するだけでなく，棲息地の保存や食草であるコマクサの保護なども必要不可欠であろう。

文　献

Ackery, P. R., 1973. A list of the type-specimens of *Parnassius* in the British Museum. *Bull. Brit. Mus. (Nat. Hist.) Ent.* 29(1): 3-35, 1 pl.

Ackery, P. R., 1975. A guide to the genera and species of Parnassiinae. *Bull. Brit. Mus. (Nat. Hist.) Ent.* 31(4): 71-105, 16 pls.

Алдан-Семенов, А., 1961.［Aldan-Semenov, A., 田村俊介（訳），1965. 知られざる大地：極北探検家チェルスキー夫妻の生涯. 343 pp. 学研，東京.］

Алдан-Семенов, А., 1965.［Aldan-Semenov, A., 田村俊介（訳），1972. はるかなる天山. 397 pp. 新時代社，東京.］

Alphéraky, S., 1910. Réflexions lépidoptèrologiques. *Rev. Russe Ent.* 9: 347-375. (in Russian)

Arakawa, S.（荒川節士），1936. Comments on some new butterflies of Japan, Korea and Formosa. *Rhopalocerological Magazine*［蝶学雑誌］1(3/4): 47-49, pl. 7.

アラスカ会 編，1989. アラスカ総覧. 238＋49 pp. アラスカ会，東京.

Арсеньев, В. К., 1921.［Arseniev, V. K., 満鐵調査部第三調査室（訳），1941. ウスリー探検記. 446 pp. 朝日新聞社，東京.］

Арсеньев, В.К., 1930. Дерсу Узала.［Arseniev, V. K., 長谷川四郎（訳），1965. デルスウ・ウザーラ. 314 pp. 平凡社，東京.］

朝日純一・神田正五・川田光政・小原洋一，1999. サハリンの蝶. 310 pp. 北海道新聞社，札幌.

Austaut, J. L., 1889. Les Parnassiens de la faune paléarctique. 163 pp. Leipzig.

Bang-Haas, Otto ed., 1927. Horae Macrolepidopterologicae vol. 1. 128 pp., taf. 11. Dr. O. Staudinger & A. Bang-Haas, Dresden-Blasewitz.

Bang-Haas, Otto, 1937. Neubeschreibungen und Berichtigungen der Palaearktischen Macrolepidopterenfauna. *Ent. Zeit. Frankfurt* 51(4): 35-36.

Bernardi, G. et P. Viette, 1966. Les types et typoïdes de *Parnassius* se trouvant au Muséum de Paris. *Bull. Soc. ent. France* 71(mars/avril): 97.

Bremer, O., 1861. Neue Lepidopteren aus Ost-Sibirien und dem Amur-Lande gesammelt von Radde und Maack, beschrieben von Otto Bremer. *Bull. Acad. Imp. Sci. St. Pétersb.* 3: 461-496.

Bremer, O., 1864. Lepidopteren Ost-Sibiriens, insbesondere des Amur-Landes gesammelt von Herren G. Radde, R. Maack und P. Wulffius. *Mém. Acad. Imp. Sci. St. Pétersb.* 8(7): 1-104, 8 pls.

Bridges, C. A., 1988a. Bibliography (Lepidoptera: Rhopalocera). 576 pp. Illinois.

Bridges, C. A., 1988b. Catalogue of Papilionidae & Pieridae (Lepidoptera: Rhopalocera). 700 pp. Illinois.

Bryk, F., 1915a. Über das Abändern von *Parnassius apollo*. *Arch. Naturgesch.* 80A(7): 153-184, 5 pls.

Bryk, F., 1915b. Über das Abändern von *Parnassius apollo*. *Arch. Naturgesch.* 80A(9): 133-164, 8 pls.

Bryk, F., 1934. Das Tierreich 64, Baroniidae, Teinopalpidae, Parnassiidae pars I. 23＋131 pp. Walter de Gruyter, Berlin und Leipzig.

Bryk, F., 1935. Das Tierreich 65, Parnassiidae pars II. 51＋790 pp. Walter de Gruyter, Berlin und Leipzig.

Bryk, F. & C. Eisner, 1932. Kritische Revision der Gattung *Parnassius* unter Benutzung des Materials der Kollektion Eisner. *Parnassiana* 2: 12-102, 1 pl.

Bryk, F. & C. Eisner, 1934. Kritische Revision der Gattung *Parnassius* unter Benutzung des Materials der Kollektion Eisner. *Parnassiana* 3: 3-22, 33-37.

周　堯，1947. 昆虫三十二目分類法与中文命名. 中国昆蟲学雑誌 2(1-6)：17. （中国語）

周　堯 主編，1994. 中国蝶類志（上・下）. 854 pp. 河南科学技術出版社，鄭州. （中国語）

周　堯・路　進生，1946. 中國之昆蟲. 92 pp. 天則昆蟲研究所，張家崗. （中国語）

蝶研出版編集部，1987-97. 蝶研年鑑（1987-1995）. 蝶研出版，茨木.

蝶研出版，1995. フィールド・データ；蝶研フィールド総目次（1～105）. 452 pp. 蝶研出版，茨木.

中国科学院青蔵高原総合科学考察隊，1985. 西蔵植物志（第二巻）. 956 pp. 科学出版社，北京. （中国語）

中国植被編輯委員会，1980. 中国植被. 1382 pp. 科学出版社，北京. （中国語）

Collins, N. M. & M. G. Morris, 1985. Threatened Swallowtail Butterflies of the World. The IUNC Red Data Book. 401 pp., pls 8. IUCN, Gland & Cambridge.

土井寛暢，1935. 朝鮮産の一新亜種及び二未記録種に就いて. *ZEPHYRUS* 6(1/2): 15-19.

土井寛暢・佐々亀雄，1936. 朝鮮産ウスバキテフに就いて. 科学館報 *Bull. Sci. Mus. Keijo* (52): 1-2, 1 pl. 1.

Durden, C. J. & H. Rose, 1978. Butterflies from the middle Eocene: the earliest occurrence of fossil Papilionoidea (Lepidoptera). *Pearce-Sellards Series* (29): 1-25.

Edwards, H., 1881. On two new forms of the genus *Parnassius*. *Papilio* 1(1): 2-4.

Ehrlich, P. R. & A. H. Ehrlich, 1961. How to know the Butterflies. 262 pp. Wm. C. Brown, Dubuque.

Eisner, C., 1961. Parnassiana nova XXX; Nachträgliche betrachtungen zu der revision der subfamilia Parnassiinae (Fortsetzung 3). *Zool. Mede. Leiden* 37(11): 167-171.

Eisner, C., 1966. Parnassiidae-typen in der sammlung J. C. Eisner. *Zool. Verh.* (81): 1-190, 84 pls.

Eisner, C., 1967. Parnassiana nova XLI; Nachträgliche betrachtungen zu der revision der subfamilia Parnassiinae (Fortsetzung 14). *Zool. Mede. Leiden* 42(4): 17-19, 1 pl.

Eisner, C., 1971. Parnassiana nova XLVI; Nachträgliche betrachtungen zu der revision der subfamilia Parnassiinae (Fortsetzung 19). *Zool. Mede. Leiden* 45(6): 87-90.

Eisner, C., 1974. Parnassiana nova XLIX; Die arten und unterarten der Baroniidae, Teinopalpidae und Parnassiidae (Erster Teil). *Zool. Verh.* (135): 1-96.

Eisner, C., 1978. Parnassiana nova LIII; Vier neue *Parnassius* unterarten. *Zool. Mede. Leiden* 53(11): 109.

Elwes, H. J., 1886. On Butterflies of the Genus *Parnassius*. *Proc. zool. Soc. Lond.* 1886(1): 6-53, pls. 1-4.

江崎悌三，1984. 江崎悌三著作集 第一～三巻. 思索社，東京.

藤岡知夫，1975. 日本産蝶類大図鑑, 312pp.＋142pp.＋137pls. 講談社，東京.

藤岡知夫 編著，1997. 日本産蝶類及び世界近縁種大図鑑Ⅰ，セセリチョウ科・アゲハチョウ科. 図版編：162 pl. 解説編：302 pp. 資料編：197 pp. 日本文芸社，東京.

藤岡知夫・根本富夫，1998．極東ロシアのアサマシジミとタンクレイシジミの関係．月刊むし（332）：2-9．

福田晴夫，1968．大雪山におけるウスバキチョウ成虫の行動記録．蝶と蛾 19(3/4)：101．

福田俊司，1998．シベリア動物誌．179＋3 pp．岩波書店，東京．

Gauthier, A., 1984. Neue Unterarten und neue Namen in den Gattungen *Papilio*, *Graphium* und *Parnassius*. Ent. Zeit. 94(21): 314-320.

Graeser, L., 1888-1893. Beiträge zur kenntnis der Lepidopteren-Fauna des Amurlandes. Berl. ent. Zeit. 32: 33-153.

Gross, F. J., 1968. Zur Systematik und Verbreitung der Arten der Gattung *Oeneis* Hübner. Mitt. münch. ent. Ges. 58: 1-26.

Hancock, D. L., 1983. Classification of the Papilionidae. Smithersia 2: 1-48.

原　雅幸，1991．続 蝶に生きる―旅と探究 第2部，272pp．蝶研出版，東京．

長谷川仁，1967．明治以降 物故昆虫学関係者経歴資料集，昆蟲 35(3)補遺：1-98．

林慶二郎，1951．日本蝶類解説．212＋6 pp．日新書院，東京．

Hemming, F., 1934. Revisional notes on certain species of Rhopalocera. Stylops 3: 193-200.

Hemming, F., 1967. The Generic Names of the Butterflies and their type-species. Bull. Bri. Mus. (Nat. Hist.), Ent. Suppl. 9: 1-509.

Hering, E., 1933. Morphologische Untersuchungen in der Gattung *Parnassius* als Beiträg zu einer Kritik am Begriff der Unterart. Mitt. zool. Mus. Berlin 18: 273-317.

平嶋義宏，1987．蝶の学名：269 pp．九州大学出版会，福岡．

平嶋義宏，1999．新版 蝶の学名：その起源と解説．724＋9 pp．九州大学出版会，福岡．

平嶋義宏ほか，1989．昆虫分類学．598 pp．川嶋書店，東京．

平山修次郎，1936．オオアカボシウスバシロテフ北海道に産す．虫の世界 1(5/6)：4-6．

廣川典範ほか，1995．中国黒龍江省に白いウスバキチョウ産す．月刊むし（296）：2, 6-7．

日浦　勇，1966．世界のアゲハチョウ（3）異形アゲハの系統発生上の位置．昆虫と自然 1(3)：2-7，2 pls．

日浦　勇，1969．日本列島の蝶（大阪市立自然科学博物館収蔵資料目録）第1集．120 pp., 10 pls．大阪市立自然科学博物館，大阪．

日浦　勇，1977．日本の第四紀とチョウの生物地理．蝶と蛾 28(4)：151-166．

日浦　勇，1980 a．ウスバアゲハ亜科諸属の翅の紋様解析と系統論．Bull. Osaka Mus. Nat. Hist. (33): 71-95．

日浦　勇，1980 b．日本の高山生物相ノート．昆虫と自然 15 (9)：2-11．

北海道大学自然保護研究会 編，1996．大雪山国立公園 生態観察ガイドブック．64 pp.，札幌．

北海道環境科学センター，1995．「すぐれた自然地域」自然環境調査報告書；大雪山・日高圏域．364 pp.，北海道環境科学センター，札幌．

北海道教育委員会，1964．北海道の文化 7：20-50．北海道文化財保護協会，札幌．

北海道教育委員会，1965．北海道文化財 第7集（大雪山）特別調査報告．68 pp．北海道教育委員会，札幌．

北海道教育委員会 監修，1972．北海道文化財のしおり．17 pp．北海道文化財保護協会，札幌．

北海道新聞社，1985．大雪山物語．277 pp．北海道新聞社．札幌．

Holland, W. J., 1946. The Butterfly Book. 424 pp., 77 pls., Doubleday & Company, Inc., New York.

堀　松次・玉貫光一，1937．樺太昆蟲誌 第一報 蝶類．樺太廳中央試驗所報告19號別刷．224 pp., 8 pls．

堀　繁久，1997．北海道白滝村平山の高山蛾2種の記録．COENONYMPHA (42): 857, 888．

Horn, W. et al., 1990. Collectiones entomologicae. 573 pp. AdL, Berlin.

Howe, W. H., 1975. The Butterflies of North America. 633 pp. Doubleday, New York.

五十嵐邁，1970 a．古代アゲハを追って．科学朝日 30(12)：17-20．

五十嵐邁，1970 b．始祖アゲハを見つけた！．科学朝日 30(12)：114-116．

五十嵐邁，1977．外国産アゲハチョウの食草解説（その1）．やどりが(89/90)：20-26．

五十嵐邁，1979．世界のアゲハチョウ．218 pp., 357 pls．講談社，東京．

今西錦司 編，1952．大興安嶺探検．552 pp．毎日新聞社，東京．

今西錦司 編，1991．大興安嶺探検(1942年探検隊報告)．597 pp．朝日新聞社，東京．

稲岡　茂，1988．十勝連峰のウスバキチョウ続報．蝶研フィールド 3(2)：32-33．

猪又敏男 編著，1986．大図録 日本の蝶．500 pp., 86 pls．竹書房，東京．

猪又敏男，1990．原色蝶類検索図鑑．224 pp．北隆館，東京．

猪又敏男・伊吹正吾，1979．Synonymic Catalogue of the Butterflies of Japan (3)：日本産蝶類総目録 ウスバキチョウ *Parnassius eversmanni*．月刊むし（103）：31．

猪又敏男・岩本吉也，1989．国後島のアカボシウスバ．月刊むし（221）：21．

石原　保，1954．北海道昆虫採集行．あげは 1：12-17．

石井　実ほか 編，1996・1997．日本動物大百科 昆虫 I・II．I：188 pp.；II：181 pp．平凡社，東京．

石川敏郎・秋山隆史，1955．ウスバキチョウ，アサヒヒョウモン，エゾリンゴシジミの採集記録．新昆蟲 8(5)：55．

International Commission on Zoological Nomenclature, 1999. International Code of Zoological Nomenclature (4th ed.) 306 pp. International Trust for Zoological Nomenclature 1999, London.

伊藤浩司，1973．大雪山の植物群落．写真集 大雪山，pp. 132-142．北海道撮影社．

伊藤浩司，1974．高山植物について．北の山脈 (10)：74-78．

伊藤浩司・梅沢　俊，1981．北海道の高山植物と山草．230 pp．誠文堂新光社，東京．

伊藤邦昭，1959．ウスバキチョウの生態について．COENONYMPHA (9): 10-11．

岩本吉也・猪又敏男，1988．*Parnassius* 属の地理的変異と個体変異(3) *Parnassius eversmanni* Ménétriès．図説・世界の重要昆虫 Ser. A(3). 48 pp．むし社，東京．

磐瀬太郎，1984．磐瀬太郎集 I：アマチュアの蝶学・II：日本蝶命名小史．I：170pp.；II：170pp．築地書館，東京．

神保一義，1969．上ホロカメトック(sic)岳でウスバキチョウを採集．COENONYMPHA (23): 467．

神保一義・渡辺康之，1994．*Syngrapha ottolenguii*［アルプスギンウワバ］from Atka Island, the Aleutians，蛾類通信(181)：94-95．

景浦　宏・矢田　脩，1995．アラスカのウスバキチョウの生態．昆虫と自然 30(6)：15-19．

環境庁自然保護局，1993．動植物分布調査報告書．昆虫（チョウ）類．357 pp．環境庁．

環境庁 編，1980．日本の重要な昆虫類 北海道版．76＋9 pp．大蔵省印刷局，東京．

環境庁 編，1991．日本の絶滅のおそれのある野生生物―レッドデータブック―無脊椎動物編．271 pp．自然環境研究センター，東京．

鹿野忠雄，1922．日本アルプスの高山蝶に就いて（附，北海道及樺太の蝶）．昆蟲世界 26(304)：405-408．

鹿野忠雄，1929．臺灣産所謂高山蝶の分布に就て．ZEPHYRUS 1(4): 140-144.

鹿野忠雄，1941．山と雲と蕃人と．323 pp．中央公論社，東京．

加藤正世，1937．ウスバキテフ，テウセンウスバキテフ．昆蟲界 5(37)：168．

河合 武，1957．北海道大雪山におけるウスバキチョウの分布について．はばたき（13）：49-51．

河内晋平ほか，1988．大雪火山御鉢平湖成層の電気探査と花粉分析．第四紀研究 27(3)：165-175．

川副昭人・若林守男，1976．原色日本蝶類図鑑．422 pp．保育社，大阪．

金　昌煥(Kim Chang-whan)，1976．韓国昆虫分布図鑑（蝶編）．200 pp．高麗大学校出版部，ソウル．（英語）

木本新作・保田信紀，1995．北海道の地表性歩行虫類：その生物環境学的アプローチ．315 pp．東海大学出版会，東京．

吉良竜夫，1971．生態学からみた自然．295 pp．河出書房新社，東京．

小早川嘉，1974．北米の Parnassius．昆虫と自然 9(4)：7-12．

小出雄一，1975．世界のパルナシウス．143 pp．ニューサイエンス社，東京．

小岩屋敏，1980．ヨーロッパ最新情報．TSU・I・SO (259): 1-9.

小岩屋敏，1988．「赤い星」は偽られた？．科学朝日 48(6)：30-34．

小泉秀雄，1926．大雪山：登山及登山案内．434 pp．大雪山調査会，旭川．

国立公園協会，1982．国立公園・国定公園ガイド 自然の美．54 pp．国立公園協会，東京．

小西正泰，1993．虫・本・人㊲：河野広道．インセクタリゥム 30(1)：11．

昆野安彦，1987．駒草平のウスバキチョウ．日本の生物 1(9)：42-45．

昆野安彦，1992．北米大陸 蝶の旅．80 pp．山と渓谷社，東京．

昆野安彦，1995．純北極圏のウスバキチョウを訪ねて：ダルトンハイウェイを行く．やどりが (163)：21-27．

昆野安彦，1998 a．大雪山系産カラフトルリシジミの幼虫．月刊むし (323)：13-14．

昆野安彦，1998 b．大雪山系産ダイセツタカネヒカゲの生態．月刊むし (330)：8-12．

河野廣道，1927．高度の差に依るヒメキマダラヒカゲ発生時期の相違 ダイセツタカネヒカゲの生態，及び高山に於ける昆虫小観察．昆蟲世界 31(11)：370-373．

河野廣道，1930．大雪山の蝶類．ZEPHYRUS 2(4): 214-226.

河野廣道，1955．北方昆虫記．157 pp．楡書房，東京．

Коршунов, Ю., 1988. Новые булавоусые чешуекрылые из Хакассии, Тувы и Якутии, Таксономия животных Сибири.: 65-80.[Korshunov, Yu., 1988. A new butterflies from Khakasia, Tuva, Yakutia. Taksonomiya Zhivotnykh Sibiri: 65-80]

Коршунов, Ю., 1996. Дополнения и исправления к книге "Дневные Бабочки Азиатской Части России, Издательская группа, Новосибирск. [Korshunov, Yu., 1996. Additions and corrections to the book "Butterflies of Asian Russia". 66 pp. ETA Gr. Novosibirsk.]

Коршунов, Ю., 1998. Новые описания и уточнения для книге"Дневные Бабочки Азиатской Части России, Издательская группа", [Korshunov, Yu., 1998. New descriptions and redefinition to the book "Butterflies of Asian Russia". 70 pp. ETA Gr. Novosibirsk.]

Коршунов, Ю. & П. Горбунов, 1995. Дневные Бабочки Азиатской Части России. Екатеринбург, 202pp. [Korshunov, Yu. & P. Gorbunov, 1995. The Butterflies of Asian Russia. Ekaterinburg.]

小佐々茂・武田博允・池田謹彌・若林守男，1955．大雪山（北海道）蝶類覚え書．蟲同友会研究報告 (1)：25-40．

Kotshubej, G., 1929. Eine neue Form von Parnassius eversmanni felderi. Ent. Anz. (Wien) 9: 188-191. fig. 1-4.

Kudrna, O. ed., 1990. Butterflies of Europe. 557 pp. AULA-Velag, Wiesbaden.

久万田敏夫・中谷正彦ほか，1993．天然記念物カラフトルリシジミ生息調査報告書．8 pls., 26 pp．前田一歩園財団，阿寒．

倉田 稔，1964．ギフチョウとヒメギフチョウの生活．ギフチョウとヒメギフチョウ（藤沢正平ほか），pp. 64-85．自刊，飯山．

Куренцов, А.И., 1970. Бчлавоусые Чешуекрылые Дальнего Востока СССР. 164pp. Наука, Ленинград. [A. I. Kurentzov, The Butterflies of the far east U.S.S.R. Nauka, Leningrad. 阿部光伸（訳），1998．極東のチョウ．150 pp．文一総合出版，東京．]；[A. I. Kurentzov, 小野浹（訳），1971．シベリアの蝶(1)アゲハチョウ科．昆虫と自然 6(5)：9-21．]

Крейцберг, А. В.-А, 1987. Трофические связи видов. Parnassius и систма рода. Булавоусые чешуекрылые СССР: 60-62. [A. Kreuzberg, 1987. The foodplants and the systematic species of genus Parnassius]

栗本 学，1987．大雪山の動植物 Ⅲ．蝶類．早稲田生物 (30)：10-12, 23-30.

日下部良康・小林信之，1996．アムール地方カミキリムシ観察紀行．月刊むし (301)：23-30．

楠 祐一，1987．北海道の高山性ハマキガ類について．蛾類通信 (141)：245-252．

楠 祐一・保田信紀，1992．十勝岳連峰の高山蛾．誘蛾燈 (128)：37-44．

楠 祐一・保田信紀ほか，1999．大雪山系黒岳高山帯の蛾類相．層雲峡博物館研究報告(19)：31-50．

桑山 覺，1967．南千島昆虫誌．225 pp. +6 pls. 北農会，札幌．

李 炳哲，1993．「石 宙明」評傳．297 pp．東泉社，ソウル．（韓国語）

李 伝隆・朱 宝雲，1992．中国蝶類図譜．158 pp．上海遠東出版社，上海．（中国語）

李 承模(Lee Seung-mo)，1982．韓国蝶誌．125 pp．INSECTA KOREANA 編輯委員会，ソウル．（英語・韓国語）

李 永魯(Lee Yong-no)，1991．白頭山ノ花 [Flowering Plants on Beactu-Mountain]．317 pp．Hangil社，ソウル．（韓国語）

Lukhtanov, V. & A. Lukhtanov, 1994. Die Tagfalter Nordwestasiens. Herbipoliana Band 3. 440 pp. Marktleuthen. (in Germany)

馮 赤華・左 振常，1987．青海高原蔵薬用紫董属植物的解剖学研究．高原生物学集 (6)：49-64．（中国語）

前川孝道，1954．ウスバキチョウの羽化について．新昆虫 7(11)：34．

前沢秋彦，1970．標準原色図鑑全集11：高山植物．165 pp．保育社，大阪．

松田真平，1999．朝鮮半島産蝶類（含む北朝鮮産）の韓国名について．やどりが (182)：12-24．

Matsumura, S.(松村松年), 1926.New and unrecorded Butterflies from Mt. Daisetsu. Insecta Matsumurana 1(2): 103-107. (in English)

Matsumura, S.(松村松年), 1928.New butterflies especially from Kuriles. Insecta Matsumurana 2(4): 191-201. (in English)

Matsumura, S.(松村松年), 1937.Some new Butterflies from Japan and Korea. Insecta Matsumurana 11(4): 132, pl. Ⅴ (fig. 5). (in English)

松村松年，1960．松村松年自伝．355 pp．造形美術協会出版局，東京．

Ménétriès, E., 1849. Description des insectes recueillis par feu M. Lehmann. *Mêm. Acad. Imp. Sci. St. Pétersb.* (6)8: 216-328, pls 3-6.

Ménétriès, E., [1850]. In: Siemaschko, Russkaya fauna. [A new species and varieties of *Parnassius*], Fasc. St. Pétersburg 17: Lepidoptera, tab. 4, fig. 5, fig. 6.

Ménétriès, E., 1855. Enumeratio Corporum Animalium Musei Imperialis Academiae Scientiarum Petropolitanae, Classis Insectorum, Ordo Lepidopterorum Pars I: Lepidoptera Diurna. 16+101 pp., 6 pls.

Ménétriès, E., 1857. Enumeratio Corporum Animalium Musei Imperialis Academiae Scientiarum Petropolitanae, Classis Insectorum, Ordo Lepidopterorum Pars II: Lepidoptera Heterocera. 96 pp., 8 pls.

三上秀彦，1988．十勝連峰のウスバキチョウ．蝶研フィールド 3(1)：32-33．

三上秀彦，1990．十勝連峰・境山にウスバキチョウを求めて．蝶研フィールド 5(8)：6-27．

三上秀彦，1992．東大雪紀行．蝶研フィールド 7(8)：17-23．

三上秀彦，1993．北海道の高山で目撃した蝶類の記録．蝶研フィールド 8(4)：33．

Miller, J. S., 1987. Phylogenetic studies in the Papilioninae. *Bull. Amer. Mus. nat. Hist.* 186 (4): 365-512.

Minno, M. C. & M. F. Minno ed., 1995. News of the Lepidopterist's Society; Season Summary. Lawrence.

Minno, M. C. & M. F. Minno ed., 1996. News of the Lepidopterist's Society; Season Summary. Lawrence.

宮島幹之助，1904．日本蝶類図説．208 pp., 22 pls. 成美堂・目黒書店，東京．

森 為三・土居寛暢・趙 福成，1934．原色 朝鮮の蝶類．大阪屋號書店，東京．

森 為三・趙 福成，1938．満洲國の蝶類．大陸科学院研究報告 2(1)：1-102 pp., pls 7.

森田敏隆 写真，1993．日本の大自然１ 大雪山国立公園．毎日新聞社，東京．

本野 晃，1969．北朝鮮の蝶．昆虫と自然 4(1)：12-16．

Munroe, E., 1961. The Classification of the Papilionidae (Lepidoptera), *Can. Ent. Suppl.* 17: 3-51.

村田泰隆，1988．ツンドラのニンフ *Parnassius khrysos*．やどりが (133)：25-31．

村田泰隆，1998 a・1998 b．蝶の進化過程の一端と化石(I)・(II). Butterflies (20): 4-17; (21): 27-40.

Nakahara, Waro (中原和郎), 1936. Eine weitere neue *Parnassius*-Rasse aus Japan. *Ent. Zeit.* 50(29): 333-334. (in Germany)

中谷正彦，1988．根室産カラフトルリシジミに関する報告及び考察 3. *Sylvicola* 6: 23-26.

中谷正彦，1990．根室産カラフトルリシジミに関する報告及び考察 4. *Sylvicola* 8: 31-33.

成田新太郎 編，1994．大雪山自然ハンドブック．142 pp. 自由国民社，東京．

Nekrutenko, Yu. P. & I. M. Kerzhner, 1986. On the species and varieties of *Parnassius* established by E. Ménétriès in the book of J. Siemaschko "Russkaya fauna". *Ent. Obozr.* 65(4): 769-779. (in Russian)

根本富夫，1995．白いウスバ黄チョウの里を訪ねて．やどりが (161)：8-14．

任 美鍔 編著，阿部治平・駒井正一(訳)，1986．中国の自然地理．376 pp. 東京大学出版会，東京．

西島 浩，1994．北海道の自然史研究につくした人々：河野広道先生．北海道の自然と生物 (9)：75-81．

西村三郎，1989．リンネとその使徒たち：探検博物学の夜明け．348 pp. 人文書院，京都．

[西山保典], 1976. ウスバキチョウ大作戦. *TSU・I・SO* (88): 419-429.

[西山保典], 1991-1992. チョータローの中国・採集紀行①～④. *TSU・I・SO* (673): 1-10; (676): 1-10; (679/680): 1-18; (707): 1-9.

延 栄一，1994．1994 北海道稜線報告．ハルまで待てない (29)：3-11．

延 栄一，1999．ニペソツ山塊と稜線の蝶．蝶研フィールド 14(6)：8-14．

野田佳之・保田信紀，1995．大雪山系のクモマベニヒカゲ I，石狩川源流地域における分布．層雲峡博物館研究報告 (15)：21-32．

野口佳伸，1939．ウスバキテフの話．採集と飼育 1(4)：201-202．

Oberthür, C., 1879. Catalogue raisonné des Papilionidae de la collection de Ch. Oberthür a Rennes. *Étud. Ent.* 4: 19-117, 6 pls.

Oberthür, C., 1891. Lépidoptères du genere *Parnassius*. *Étude. ent.* 14: 1-18, 3 pls.

帯広畜産大学付属糠平生物研究所 編，1967．東大雪地域生物相(蝶蛾編). 158 pp., 4 pls. 上士幌町．

王 直誠 主編，1999．原色・原大・中国東北蝶類志．吉林科学技術出版社．316 pp.，吉林．

大場秀章ほか，1996．朝日百科 植物の世界 (91) コマクサ，キケマン，ケシ，pp. 193-209．朝日新聞社，東京．

大屋厚夫，1988．ソ連邦ベルホヤンスク山脈産 *Parnassius* 属の１新亜種．月刊むし (205)：26-27．

大屋厚夫・藤岡知夫，1997．In: 日本産蝶類及び世界近縁種大図鑑 I (藤岡知夫編著), セセリチョウ科・アゲハチョウ科. 解説編：293；図版編：pl. 15．日本文芸社，東京．

岡野喜久磨，1984．サトキマダラヒカゲの命名と原記載：サトキマダラヒカゲをめぐる覚え書(2)．*TOKURANA* (6/7): 109-116.

岡野磨瑳郎，1943．大雪山採集行．昆虫界 11(108)：74-91．

尾本恵市，1966 a．アポロチョウのふるさとを求めて．科学朝日 26(1)：91-100．

尾本恵市，1966 b．世界のアゲハチョウ(2)：分布から見たパルナシウス属の類縁関係．昆虫と自然 1(2)：2-9．

小野 浹，1958．蝶類幼虫採集法(1). *COENONYMPHA* (7): 7-8.

小野 浹，1978．世界のパルナシウス属の系統論．昆虫と自然 13(7)：6-12．

小野 浹，1979．ウスバキアゲハについて．昆虫と自然 14(9)：9-14．

小野有五・五十嵐八枝子，1991．北海道の自然史．219 pp. 北海道大学図書刊行会，札幌．

大阪市立自然史博物館[日浦 勇], 1969. 日本の蝶 世界の蝶 24 pp., 2 pls. 大阪市立自然史博物館，大阪．

大阪市立自然史博物館[日浦 勇], 1974. 日本の蝶・世界の蝶展：チョウはどこから来たか．26 pp. 大阪市立自然史博物館，大阪．

Ôuchi, Yoshiro (大内義郎), 1934. Bibliographical Introduction to the Study of Chinese Insects. *Jour. Shanghai Sci. Inst.*, Sec. III, Vol. 2: 1-533. (in English)

Pratt, V. E., 1991. Wildflowers along the Alaska Highway. 223 pp. Alaskakrafts, Inc., Anchorage.

Pratt, V. E. & F. G. Pratt, 1993. Wildflowers of Denali National Park. 166 pp. Alaskakrafts, Inc., Anchorage.

Pyle, R. M., 1981. The Audubon Society Field Guide to North American Butterflies. 924 pp. Knopf, New York.

Robinson, R., 1990. Genetics of European butterflies. In: Butterflies of Europe 2, pp. 234-291. AULA-Verlag GmbH, Wiesbaden.

Rühl, F. & A. Heyne, 1893-1895. Die Palaearktischen Gross-

Schmetterlinge 1. Tagfalter. 857 pp. Leipzig.
斎藤長四郎，1939．大雪山紀行．昆蟲界 7(66)：495-500．
斎藤和夫ほか，1969．ウスバキチョウとウスバシロチョウの染色体細胞学的研究(1969 年大会講演要旨)．やどりが (60)：34．
Saitoh, K. (斎藤和夫) et al., 1969. Chromosome cytology of Parnassius eversmanni daisetsuzana Mats. and Parnassius glacialis Butler (Papilionidae). Sci. Rep. Hirosaki Univ. 16 (1/2): 37-43. (in English)
斎藤基樹，1997．カナダの荒蕪地を行く．多摩虫 (32)：1-22．
阪口浩平，1981．世界の昆虫 5 ユーラシア編．262 pp. 保育社，東京．
酒井成司，1981．アフガニスタン蝶類図鑑．272 pp. 講談社，東京．
Sakai, A. & K. Otsuka, 1970. Freezing resistance of alpine plants. Ecology 51(4): 665-671.
さっぽろ自然調査館，1999．ひがし大雪自然誌研究．136 pp. さっぽろ自然調査館，札幌．
佐々亀雄，1961．新種発見．332 pp. 日本談義社，熊本．
佐藤 謙ほか，1976．大雪山系自然生態系総合調査 中間報告(第 2 報)．288 pp. 北海道．
Schulte, A., 1991. Neue Parnassius-Unterarten aus der UdSSR. Nachar. ent. Ver. Apollo 12(2): 99-105.
Scott, J. A., 1986. The Butterflies of North America. 583 pp. Stanford Univ. Press, Stanford.
Scudder, S., 1869. Report upon a collection of diurnal Lepidoptera made in Alaska by the scientific corps of the Russo-American Telegraph Expedition under the direction of Leut. W. H. Dall. Proc. Boston nat. Hist. 12: 404-408.
Scudder, S., 1875. Fossil Butterflies. Mem. Amer. Assoc. Adv. Sci. 1: 1-99, 3 pls.
Seitz, A., 1907-1909. Die Gross-Schmetterlinge der Erde 1, Die Palaearktischen Tagfalter. 379 pp., 89 pls. Stuttgart.
Seitz, A., 1929-1932. Die Gross-Schmetterlinge der Erde 1, Die Palaearktischen Tagfalter. Supplement. 399 pp., 16 pls. Stuttgart.
Seok Dju-myong (石 宙明)，1947. A list of Butterflies of Korea. Bull. Zool. Nat. Sci. Mus. 2(1): 1-16. (in English)
石 宙明，1972．韓国産蝶類ノ研究．259 pp., 2 pls. 寶晋齋，ソウル．(韓国語)
石 宙明，1992．ナビ採集二十年ノ回顧録．297 pp. 新陽社，ソウル．(韓国語)
石 宙明・王 鎬，1940．蓋馬高臺産蝶類．ZEPHYRUS 8(3/4): 131-154.
Shepard, J. H. & S. S. Shepard, 1974. On new species and two range extensions for British Columbia butterflies. J. Lep. Soc. 28(4): 348.
柴谷篤弘，1985．石 宙明(セォク・ドウミョン)．やどりが (123)：12-15．
柴谷篤弘，1987．再説・石 宙明(ソク・ジュミョング)．やどりが (128)：12-19．
柴谷篤弘，1993．蝶類保護 国際的及び外国の事例．In：日本産蝶類の衰亡と保護(日本鱗翅学会) 第 2 集：1-15．
柴山大次郎，1954．ウスバキチョウの観察．自然科学と博物館 21(7/8)：117-118．
清水建美，1982・1983．原色新日本高山植物図鑑 I・II．I：331 pp.；II：402 pp. 保育社，大阪．
清水建美ほか，1994．植物の世界 植物用語集＋植物分類表．24 pp. 朝日新聞社，東京．
清水敏一，1987-93．大雪山文献書誌 第一〜四巻．自刊．岩見沢．
新川 勉，1977．アラスカに蝶を求めて．やどりが (91/92)：15-24．
白井光太郎，1934．改定増補 日本博物學年表．437 pp. 大岡山書店，東京．

白水 隆，1975．学研中高生図鑑 昆虫 I チョウ．306 pp. 学習研究社，東京．
白水 隆，1985．日本産蝶類文献目録．873 pp. 北隆館，東京．
白水 隆・原 章，1962．原色日本蝶類幼虫大図鑑(II)．139 pp. 保育社，大阪．
曽根敏雄・仲山智子，1992．北海道，大雪山白雲小屋における 1987-1989 年の気温観測資料．Low Temperarture Science. Ser. A. 51: 31-48.
曽根敏雄・高橋伸幸，1988．1985 年通年気象観測値からみた大雪山の気候環境．東北地理 40(4)：237-246．
反町康司，1995．パルナシウス図鑑．180 pp. アポロ，北本．
反町康司，1999．ウスバキチョウの世界．160 pp. アポロ，北本．
層雲峡観光協会 編，1965．大雪山のあゆみ．124 pp. 層雲峡観光協会，上川．
Staudinger, O., 1892. Die Macrolepidopteren des Amurgebietes 1. Teil. In: Romanoff, Mem. Lep. 6: 83-658.
Staudinger, O. & H. Rebel, 1901. Catalog der Lepidopteren des Palaearctischen Faunengebietes. 334 pp. R. Friedländer & Sohn, Berlin.
Stichel, H., 1907a. Lepidoptera; Rhopalocera fam. Papilionidae subfam. Parnassianae. In: Wytsman, Gen. Insectorum 58: 1-60.
Stichel, H., 1907b. Parnassius. In: Seitz, Die Gross-Schmetterlinge der Erde 1, Die Palaearktischen Tagfalter. pp. 8, pl. 10-11.
杉谷岩彦，1929．北海道大雪山の蝶．ZEPHYRUS 1(3): 122-123.
杉谷岩彦，1940．朝鮮の蝶(8)．ZEPHYRUS 8 (2/3): 81-93.
諏訪正明，1976．大雪山の昆虫類．In：大雪山系自然生態系総合調査中間報告(第 2 報)，pp. 223-272．
田淵行男，1978a．解明された大雪のチョウの生態．科学朝日 38(7)：10-14．
田淵行男，1978b．大雪の蝶．459 pp. 朝日新聞社，東京．
Takahashi, M.(高橋真弓) & E. L. Kaymuk, 1997. Butterflies collected in Yakutia, Eastern Siberia. Trans. lepid. Soc. Japan 48(3): 153-170. (in English)
高橋真弓・淀江賢一郎，1996．クレンツォーフ・コレクションに保存される南千島・国後島のアカボシウスバシロチョウ．月刊むし (306)：12-13．
高橋伸幸・曽根敏雄，1988．北海道中央高地，大雪山平ヶ岳南方湿原のパルサ．地理学評論 61(Ser. A) 9：665-684．
高塚豐次，1941．朝鮮厚昌地方産蝶類目録．ZEPHYRUS 9(1): 28-35.
玉貫光一，1969．樺太と高山蝶．昆虫と自然 4(7)：18．
玉貫光一，1980．シベリア東部生物記．260 pp. 図書刊行会，東京．
丹 一夫，1973．大雪山の高山蝶に関する二・三の観察．HORNET (11): 7-10.
舘脇 操，1971．北方植物の旅．343 pp. 朝日新聞社，東京．
舘山一郎・小野 決，1958．北海道産蝶の解説(2)．COENONYMPHA (7): 115-116, Pl. 1.
徳田御稔，1969．生物地理学．200 pp. 築地書館，東京．
Tolman, T. & R. Lewington, 1997. Collins Field Guide Butterflies of Britain & Europe. 320 pp. Harper Collins Pub., London.
Tshikolovets, V. V., 1993a. A catalogue of the type-specimens of Parnassius in the Zoological Museum of the Kiev University. 75 pp. Kiev.
Tshikolovets, V. V., 1993b. A catalogue of the type-specimens of Parnassius in the collections of Russian Zoological Museums. 42 pp. Kiev.
塚本珪一，1977．日本の高山蝶について―その文献について―．Bull. Heian High School (21): 1-18, pl. 1.
Tuzov, V. K., 1993. The Synonymic list of Butterflies from

the ex-U. S. S. R. 73 pp. Rosagroservice, Moscow.

Tuzov, V. K. *et al.*, 1997. Guide to the Butterflies of Russia and adjacent territories. 480 pp. Pensoft, Sofia and Moscow.

Tyler, H. *et al.*, 1994. Swallowtail Butterflies of the America. 401 pp., 8 pls. Scientific Pub. Gainesville.

内田　一，1942．ウスバキテフの幼虫及び蛹と推定される資料に就いて．自然科学と博物館 13(1)：16-21．

内田登一，1936．大雪山頂の蝶蛾類．*Biogeographica* 1(2): 55-62, 1 pl.

内田清之助，1930．日本産高山蝶（五）．*ZEPHYRUS* 2(1): 1-2.

梅棹忠夫，1989-94．梅棹忠夫著作集 22 巻＋別巻．中央公論社，東京．

梅沢　俊，1996．山の花図鑑 大雪山．250 pp．北海道新聞社，札幌．

梅沢　俊ほか，1989-1993．北海道夏山ガイド 1～6．北海道新聞社，札幌．

Verity, R., 1905-1911. Rhopalocera Palaearctica. 368 pp., 72 pls. Florence.

渡辺千尚，1988．北の国の虫たち．184 pp．文一総合出版，東京．

渡辺千尚，1992．国際動物命名規約底提要．133 pp．文一総合出版，東京．

渡辺千尚ほか，1955．北海道特集号．新昆虫 8(6)．56 pp., 4 pls. 北隆館，東京．

渡辺康之，1976．北海道の高山蝶：その生態(1)・(2)．月刊むし (63)：3-18；(64)：2-7．

渡辺康之，1978．ウスバキチョウの交尾行動．昆虫と自然 13(12)：29-30．

渡辺康之，1979．高山帯で見られる蝶類．*jezoensis* 6: 43-48．

渡辺康之，1985．日本の高山蝶．160 pp．保育社，大阪．

渡辺康之，1986．高山蝶：山とチョウと私．210 pp．築地書館，東京．

渡辺康之，1987 a．ウスバキチョウの遅い発生例．蝶研フィールド 2(1)：13．

渡辺康之，1987 b．大雪山系のクモマベニヒカゲの生態について．蝶研フィールド 2(10)：6-10．

渡辺康之，1988．大雪山の夏：ウスバキチョウの羽化．蝶研フィールド 3(7)：2．

渡辺康之，1991．大雪山越冬記．191 pp．自刊，尼崎．

渡辺康之 編著，1996 a．ギフチョウ．269 pp．北海道大学図書刊行会，札幌．

渡辺康之，1996 b．アムール地方蝶類撮影紀行．月刊むし (301)：2 pls., 14-22．

渡辺康之，1997．ロシア・アムールの蝶撮影紀行（そのⅡ）．月刊むし (319)：8-17．

渡辺康之，1998．ロシア・アムール州産ウスバキチョウの 2 亜種について．*Wallace* 4(2): 1-4. pl., 15-16.

渡辺康之・辻　規男，1976．北海道の高山蝶．蝦夷白蝶 6(1)：3-18, pls 5-8.

Weiss, D., 1971. A new *Parnassius eversmanni* race from nord-east Siberia (U. S. S. R.). *J. Res. Lep.* 9(4): 215-216.

Weiss, J.-C., 1991. The Parnassiinae of the World part 1. 48 pp. Sciences Nat, Venette.

Weiss, J.-C., 1992. The Parnassiinae of the World part 2. 136 pp. Sciences Nat, Venette.

Weiss, J.-C., 1999. The Parnassiinae of the World part 3. 100 pp. Hillside Books, Canterbury.

Wu Cheng-fu F.(胡　経甫), 1938. Catalogus Insectorum Sinensium Vol. IV: Lepidoptera. pp. 695-987. Fan Memorial Inst. Biology, Peiping (Beijin). (in English)

矢田　脩・上田恭一郎編，1993．日本産蝶類の衰亡と保護（第 2 集）．207 pp．日本鱗翅学会，東京．

山口　透ほか 編，1973．写真集 大雪山．208 pp．北海道撮影社，札幌．

山崎柄根，1992．台湾に魅せられたナチュラリスト鹿野忠雄．336 pp．平凡社，東京．

保田信紀，1974．ウスバキチョウの終見日について．月刊むし (38)：30．

保田信紀，1975．大雪山：山からの報告．北の山脈 (18)：28-31．

保田信紀，1983．大雪山の昆虫に関する文献Ⅰ（鱗翅目・鞘翅目）．層雲峡博物館研究報告 (3)：1-22．

保田信紀，1994．大雪山からの便り．やどりが (156)：26-27．

吉崎昌一・乳井洋一，1980．消えた平原ベーリンジア．242 pp．日本放送出版協会，東京．

標本データ

47 頁：

1. *Parnassius bremeri* / Gornyi (alt. 580-600m) / Khabarovsk terr., Russia / 8, Jul. 1995.
2. *Parnassius actius dubitabilis* / North of Chon-ashu Pass (alt. 2850m) / Kyrghyzstan / 4, Jul. 1998.
3. *Parnassius nomion koiwayai* / Xarag(alt. 3480-3540m) / Qinghai prov., China / 25, Jul. 1995.
4. *Parnassius hunnyngtoni liliput* / Kyetrak (alt. 4890m), Mt. Cho-oyû B. C. / Tibet aut. reg., China / 1, Jun. 1992.
5. *Parnassius acdestis lathonius* / Karo-la(alt. 5200-5400m) / Tibet aut. reg., China / 24, Jun. 1992.
6. *Parnassius acco przewalskii* / Madoi (alt. 4200-4500m) / Qinghai prov., China / 12, Jul. 1993.
7. *Parnassius orleans lakshimi* / Demo-la (alt. 4500-4700m) / Tibet aut. reg., China / 8, Jun. 1992.
8. *Parnassius hardwickii* / Mt. Kailas (alt. 4600-4700m) / Tibet aut. reg., China / 9, Jul. 1996.
9. *Parnassius ariadne* / Chemal, Altai Mts. (alt. 800m) / Russia / 16, Jun. 1993.
10. *Parnassius stubbendorfii standfussi* / Nikolaevsk-na-Amure (alt. 80-250m) / Russia / 14, Jul. 1996.
11. *Parnassius glacialis sinicus* / Liziping (alt. 1800m), Shimian xian / Sichuan prov., China / 18, May, 1995.
12. *Parnassius mnemosyne giganteus* / Kashk-ashu (alt. 1800m) / Kyrghyzstan / 2, Jul. 1998.
13. *Parnassius loxias tashkorensis* / Tashkoro (alt. 3170m), Kaindy Katta Mts. / Kyrghyzstan / 9, Jul. 1998.
14. *Parnassius autocrator* / Bartang Riv. (alt. 3200-3800m), West Pamir / Tajikistan / Aug. 1995.
15. *Parnassius charltonius* / Mt. Gyoinmaixoi'og Kangri (alt. 4600-4900m) / Tibet aut. reg., China / 23, Jun. 1995.

48 頁：

1. Mondy Vil., East-Sayan (alt. 2000m) / Buryat Rep. Russia / 1-7, Jun. 1998.
2. Mondy Vil., East-Sayan (alt. 1600m) / Russia.
3. Seleling reg. / Uyoux, Tuva / Russia / 16, Jun. 1976.
4. Chulugaischa (alt. 3100m), Mondy, Sayan / Buryat Rep. Russia / Jul.
5・6. Samarta Vil. (alt. 2200m), East-Sayan / Russia / 10, Jun. 1998.
7. Sarym-Sakty Mts. (alt. 2400-2500m), South-Altai / Kazakhstan / 21, Jun. 1999.
8・10. Maitobe (alt. 2800m), Ukok Plateau, South-Altai Mts. / Russia / 4, Jul. 1998.
9. Kurai Vil. (alt. 2200m) / Altai Mts. / Russia / 10-20, Jun. 1998.
11. Aktash Vil. (alt. 2200m), Altai Mts. / Russia / 10-20, Jun. 1998.
12. Aktash (alt. 2500m), Altai Mts. / Russia / 24, Jun. 1992.
13-15. Tommot / Sakha Rep. (Yakutia), Russia / 5-12, Jun. 1998.

49 頁：

1. Suntar Khayata, 232km Road Khandoyga-Magadan, Russia / 12, Jun. 1998.
2・3. Suntar Chayata (Khayata) Ridge, Verkhoyansk Mts. / 18-26, Jun. 1987.
4. Yen Biost, Abar Upper Kolyma Mts. / Magadan reg., Russia / 1-4, Jul. 1971.
5・6. Umgebung Palatka (alt. 900m) / Magadan reg., Russia / 21-26, Jun. 1997.
7. Magadan / Russia / 25, Jun. 1994.
8. Nikolajevsk (Nikolaevsk-na-Amure) / Russia / 5, Jul. 1914.
9. Nikolajevsk (Nikolaevsk-na-Amure) / Russia / 11, Jun. 1930 (sic).
10. Dalnegorsk / Primorsky terr., Russia / 19-23, Jul. 1994.
11・12. Beryozovka (alt. 600-900m) / Primorsky terr., Russia / 19-20, Jul. 1997.
13・14. Khingansk, Obluche / Jewish A. O., Russia / 14, Jul. 1994.
15. Gornyi-Solnechnyi (alt. 420-440m) / Khabarovsk terr., Russia / 12, Jul. 1995.

50 頁：

1. Myaochan Mts., Gornyi (alt. 580-600m) / Khabarovsk terr., Russia / 7, Jul. 1995.
2・3. Gornyi-Solnechnyi (alt. 420-440m) / Khabarovsk terr., Russia / 12, Jul. 1995.
4. Myaochan Mts., Gornyi (alt. 600m) / Khabarovsk terr., Russia / 2, Jul. 1998.
5. Myaochan Mts., Gornyi (alt. 600m) / Khabarovsk terr., Russia / 1-18, Jul. 1998.
6. Myaochan Mts., Gornyi (alt. 600m) / Khabarovsk terr., Russia / 14, Jul. 1991.
7・8. Vysokogornyi (alt. 660-730m) / Khabarovsk terr., Russia / 7, Jul. 1995.
9. Monskoya (alt. 1900m) / Heianhokudo, Korea / 20-28, Jul. 1937.
10. Rangrim / North Korea / 5, Jul. 1980.
11. Ryounwhali, Rangrim / North Korea / 14-18, Jul. 1987.
12. Rangrim / North Korea / 5, Jul. 1980.
13-15. Karalveem Riv., Bilibino dist. / Chukot A. O., Russia / 24, Jun. -4, Jul. 1990 / 20, Jun. -10, Jul. 1991.

51 頁：

1・2. Nome (alt. 90-200m) / Alaska state, U. S. A. / 28, Jun. -1, Jul. 1993.
3. Eagle Summit (alt. 1500m) / Alaska state, U. S. A. / 1, Jun. 1987.
4. Tetlin national wild refuge / Alaska state, U. S. A.
5・6. Keno Hill (alt. 2000m) / Yukon terr., Canada / 2, Jul. 1991.
7. Dempster Hy., mile 97 / Yukon terr., Canada / 23, Jun. 1983.
8・9. Pink Mountain (alt. 1800m) / British Columbia state, Canada / 6, Jun. 1987.
10. 13. Daisetu-z (ca. 2000m), 北海道大雪山 / 10, Jul. 1962 [北海道大学農学部].
11. Hayashi Coll. / Daisetu-zan 白雲岳, Hokkaido, Kamikawa / 10, Jul. 1939 [国立科学博物館].
12. Hayashi Coll. / 17, Jul. 1931 / Oba [国立科学博物館].
14. Hayashi Coll. / Daisetu-zan黒岳石室, Hokkaido, Kamikawa / 8, Jul. 1942 [国立科学博物館].
15. Hayashi Coll. / 17, Jul. 1931 / Kawai [国立科学博物館].

和 名 索 引

（主要な昆虫・植物の和名と頁数だけをのせた。ただしウスバキチョウについては，全頁にわたるので割愛した）

【ア行】

アウトクラトールウスバ　87～89
アオスジアゲハ属　86
アオスジアゲハ族　86
アオノツガザクラ　111
アカシア属　85
アカシジミ　76,147,150
アカタテハ　147,152
アカツメクサ（ムラサキツメクサ）　40,111,151
アカボシウスバ（ブレーマーウスバ）　36,64,88,130,145,146,149,151
アカボシゴマダラ　145
アカマダラ　150,152
アカムラサキヒメハマキ　148
アクティウスウスバ　59,88
アクデスティスウスバ　88
アゲハチョウ　149
アゲハチョウ亜科　86
アゲハチョウ科　84～87,105,156
アゲハチョウ属　86
アゲハチョウ族　86
アゲハチョウ類　156
アサヒナキマダラセセリ　157
アサヒヒョウモン　32,62,64,67,114,135,138,139～141,143,147,154,155
アサヒヘウモン（アサヒヒョウモン）　81
アサマシジミ　59,150,152
アシマダラコモリグモ　27,100,113,115,140,141
アセビ　105
アッコウスバ　88
アッコウスバ亜属　70,85,88,89
アッコウスバ群　88
アフガンウスバ（イノピナトゥスウスバ）　87,88
アポロウスバ　82,87～89,93,157
アポロウスバ亜属　88,89
アポロニウスウスバ　59,88
アミメバヤナギ　111
アムールヒョウモンモドキ　152
アムールモンキチョウ　107,149
アメバチ類　113
アラスカエンゴサク　106,108,109,131,132,153
アラスカタカネヒカゲ　46,154
アルタイウスバ　88,89,106
アルプスギンウワバ　132,148
アルプスヤガ　148
アレクサンドラトリバネアゲハ　157
イソツツジ（エゾイソツツジ，カラフトイソツツジ）　111,142
イソツツジノメムシガ　148

イチモンジチョウ　152
イチヤクソウ　131
イノピナトゥスウスバ（アフガンウスバ）　87,88
エゾイソツツジ（イソツツジ，カラフトイソツツジ）　111,142
キバナシャクナゲ　109
イブキトラノオ　111
イラクサ科　83
イランアゲハ　86
イワウメ　8,14,17,102,109,111,137,138,140,142
イワノガリヤス　143
イワブクロ（タルマイソウ）　127
イワベンケイ　86,153
イワベンケイ属　87,89
イワヤマヒカゲ　134
インペラトールウスバ（ミカドウスバ）　88,108
ウサギギク　143
ウスバキアゲハ　81
ウスバシロチョウ　81
ウスバシロテフ（ウスバシロチョウ）　81
ウスバシロチョウ亜科　87
ウスバシロチョウ属　59,60,70,82～84
ウスバシロチョウ族　85
ウスユキトウヒレン　127,144
ウスリシジミ　150
ウマノスズクサ科　86
ウラギンヒョウモン　147,152
ウラシマツツジ　8,102,111,137
ウラジャノメ　42,150,152
ウラジロナナカマド　109,110,140,143
エゾイワツメクサ　9,111
エゾエンゴサク　107
エゾエンゴサク（カラフトエンゴサク）　106
エゾオケマン　108
エゾオオマルハナバチ　106
エゾキケマン　107
エゾコザクラ　32,111,139
エゾシモツケの一種　111
エゾシロチョウ　36,62,106,147,149,152
エゾスカシユリ　40,109,111
エゾスジグロシロチョウ　131,147,150,152,154
エゾタカネスミレ（タカネスミレ）　111,127,139
エゾタカネツメクサ　111,142
エゾツガザクラ（エゾノツガザクラ）　111,137,142
エゾツツジ　111,131
エゾニュウ　111
エゾノタカネヤナギ　111
エゾノハクサンイチゲ　111
エゾヒメシロチョウ　152

169

エゾマツ　132
エゾミヤマツメクサ　111
エパフスウスバ(テンジクウスバ)　88
エルタテハ　147,150,152
エンゴサク　106
エンゴサク(キケマン)属　105,106
エンゴサク類　86
オオアカボシウスバ(ノミオンウスバ)　64,88,146
オオアメリカウスバ(クロディウスウスバ)　88,106
オオイチモンジ　42,132,147,150〜152
オオウラギンヒョウモン　157
オオウンモンホソハマキ　148
オオキイロミスジ　152
オオタカネヒカゲ　152
オオヒカゲ　58
オオモンシロチョウ属　105
オガサワラセセリ　157
オサムシ類　100
オトシブミ　62
オニシモツケ　130
オルレアンウスバ　88,89
オーロラヨトウ　148

【カ行】

カセキシリアアゲハ　86
カセキシリアアゲハ属　86
カセキタイスアゲハ　86
カセキタイスアゲハ属　86
カノコソウ　111
カバイロシジミ　150,152
カラクサシロチョウ　46,154
カラスアゲハ　147
カラスシジミ　147
カラフトイソツツジ(イソツツジ，エゾイソツツジ)　111,142
カラフトエンゴサク(エゾエンゴサク)　106
カラフトオオケマン　35,76,103,107,108,129,130,149,151
カラフトセセリ　150
カラフトタカネキマダラセセリ　150,152
カラフトタカネヒカゲ　152
カラフトヒョウモン　150,152
カラフトヒョウモンモドキ　150,152
カラフトルリシジミ　33,46,62,64,114,139,144,147,150,152〜155
カラマツ(マンシュウカラマツ)　130,132
カラムシ　83
カワベタカネヒメハマキ　148
カンキョウタカネヒカゲ　152
ガンコウラン　26,33,99,114,137,139,142〜144
ガンコウラン科　143,144
カンバ類　132
キアゲハ　147,149,152〜154
キイロウスバアゲハ　81
キイロヒカゲ　152
キイロヒメヒカゲ　152
キイロモンヒカゲ　152
キケマン(エンゴサク)属　105,106

キケマン属　87,89,106,108
キシタアゲハ族　86
キタウスズミヒョウモン　154
キタヒメヒョウモン　46,154
キタヤチヒョウモン　154
キバナシオガマ　110,142
キバナシャクナゲ　9,14,32,102,109,137,140,142,144
ギフチョウ　109,157
キベリタテハ　147,150,152
ギンボシヒョウモン　147,150,152
ギンボシヒョウモンモドキ　152
クガイソウ　64,111
クサツキシロチョウ　154
クサフジ　40,41,109,111,151
クサマオ　83
クジャクチョウ　147,150,152
クスノキ科　86
クモマツマキチョウ　42,150〜152
クモマベニヒカゲ　31,36,62,64
グランドンヒメシジミ　154
クロクサアリ　100,113,115,138
クロコヒョウモンモドキ　36,150
クロセセリ　75
クロダケタカネヨトウ　134,148
クロツバメシジミ　59
クロディウスウスバ(オオアメリカウスバ)　88,89,106
クロヒカゲ　147
クロホシウスバ　87〜89,93
クロホシウスバ群　88
クロマメノキ　25,26,99,101,111,115,131,137,142〜144
クロモンミヤマナミシャク　148
ケシ科　105
ケファルスウスバ　88
ケファルスウスバ群　88
ケマンソウ　106,108
ケマンソウ亜科　105
ケマンソウ科　86,87,89,105
ケマンボタン　106
ゴイシツバメシジミ　157
コイズミヨトウ　134,138,148
コウアンカラマツ(ダフリアカラマツ)　133
コウジレイシジミ　150,152
コウノエダシャク　148
コオノオオワタムシ　62
コガネギク　143,144
コキマダラセセリ　150
コケモモ　111,130,142〜144
コシモフリヒメハマキ　148
コスギハマキ　148
コヒオドシ　42,113,139,142,147,150,152
コヒョウモン　150,152
コヒョウモンモドキ　150,152
コマクサ　4,18〜23,29,97〜99,103,105〜107,109,111,113〜115,127〜129,132,134,137〜141,159
コマクサ属　87,89,105,106,108
ゴマダラチョウ　75

ゴマノハグサ科　111
コマユバチ　142
コマユバチの一種　114,143
コムラサキ　147
コメバツガザクラ　106
コルシカキアゲハ　157

【サ行】
サカハチチョウ　147,150,152
サトキマダラヒカゲ　58
シータテハ　147,150,152
シベリアキケマン　107
シベリアトウヒ　131
シベリアモミ　131
シモウスバ　88
シモウスバ群　88
ジャケモンウスバ　88
ジャノメチョウ科　69
シュルテウスバ　88
ショウジョウスゲ　143
ショウマの一種　111
シラカンバ　129〜130
シラネニンジン(チシマニンジン)　110,144
シラホシチャマダラセセリ　150
シリアアゲハ　86
シリアアゲハ属　89
シロオビヒメヒカゲ　147,150,152
シロタイスアゲハ　86
シロテンサザナミシャク　148
ジロボウエンゴサク　106
シロマダラヒメハマキ　148
スギゴケ　99
スジグロシロチョウ　58,147
スジボソヤマキチョウ　58
ステノセムスウスバ　88
ストリクツカウスバ　88
スミレの一種　111
スモモシジミ(リンゴシジミ)　150,152
セイヨウノコギリソウ　111
セシロヒメハマキ　148
セリ科　40,111
ソウウンクロオビナミシャク　148
ゾウムシ科　62

【タ行】
タイスアゲハ属　86
ダイセツイワスゲ　127,128,141
ダイセツオサムシ　115,134
ダイセツキシタヨトウ　138,140,148
ダイセツタカネエダシャク　148
ダイセツタカネヒカゲ　30,62,64,81,114,129,138〜141,143,147,154,155
ダイセツチビハマキ　148
ダイセツドクガ　99,100,115,148
ダイセツヒトリ　134,148
ダイセツヒメハマキ　148

ダイセツホソハマキ　148
ダイセツヤガ　148
タイツリソウ　106
ダイミョウセセリ　58
タイリクヒメヒカゲ　154
タカネオミナエシ(チシマキンレイカ)　8,110
タカネキマダラセセリ　42,150,152,157
タカネスミレ(エゾタカネスミレ)　111,127,139
タカネナガバヒメハマキ　148
タカネナミシャク　148
タカネハマキ　148
タカネヒカゲ　157
タカネヒョウモン　152,154
タカネルリシジミ　150
ダケカンバ　107,129,140,143,151,159
タテハチョウ科　59,69
タネツケバナの一種　111
ダフリアカラマツ(コウアンカラマツ)　129〜131,133,151
タルマイソウ(イワブクロ)　127
チェケニーウスバ　88
チシマキンレイカ(タカネオミナエシ)　8,110
チシマツガザクラ　33,111,144
チシマニンジン(シラネニンジン)　110,144
チシマヒメイワタデ(ヒメイワタデ)　127
チビヒョウモン　150,152
チャマダラセセリ　150
チャモンウラジャノメ　150,152
チャールトンウスバ　88
チュコトヒョウモン　42,152
チョウセンウスバキチョウ　81
チョウセンエンゴサク　107
チョウセンキボシセセリ　36,150,152
チョウセンコムラサキ　150
チョウセンゴヨウ　132
チョウセンジャノメ　150,152
チョウセンシロチョウ　150,152
チョウセンモミ　132
チョウノスケソウ　9,110,131,142,153
チョッキリゾウムシ類　62
チングルマ　110,142,143
ツツジ科　109,143,144
ツマキチョウ属　86
ツマジロウラジャノメ　59,150,152
ツルコケモモ　144
ツンドラヒメシジミ　150
ツンドラモンキチョウ　46,154
ディサベニヒカゲ　46,154
テウセンウスバキテフ(チョウセンウスバキチョウ)　65
テネディウスウスバ　59,88
テネディウスウスバ群　88
デルフィウスウスバ　59,88
デルフィウスウスバ群　88
テンジクウスバ(エパフスウスバ)　88
テンシャンウスバ(テンザンウスバ)　88
テントウムシ類　113
トウシラベ　132

トドノネオオワタムシ　62
トラフシジミ　147
ドロノキ　129

【ナ行】
ナガサキイチモンジ　150,152
ナガバキタアザミ　143
ニシベツヒメハマキ　148
ニセコツバメ　149,150,152
ノコギリソウの一種　151
ノミオンウスバ(オオアカボシウスバ)　64,88,146
ノルドマンウスバ　88,89

【ハ行】
ハイマツ　10,11,13,102,127,128,131,138〜140,143
ハイマツコヒメハマキ　148
ハクサンイチゲ　137
ハードウックウスバ(ヒマラヤウスバ)　88
ハードウックウスバ群　88
パトリキウスウスバ　88
ハナケマンソウ　106
ハナゴケ　141〜143
ハナゴケ類　103
ハナシノブの一種　111
ハニングトンウスバ　88
ハマビシ科　86
ハンゴンソウの一種　111
ヒオドシチョウ　147,150,152
ヒデウスバ　88
ヒマラヤウスバ(ハードウックウスバ)　88
ヒメアカタテハ　147,150
ヒメイソツツジ　111,138
ヒメイワタデ(チシマヒメイワタデ)　127
ヒメウスバシロチョウ　42,43,58,70,76,83,84,88,89,91,98,103,107,130,149,151,152
ヒメカバイロシジミ　154
ヒメカラフトヒョウモン(ホソバヒョウモン)　61,147,150,152
ヒメギフチョウ　113
ヒメキマダラヒカゲ　147
ヒメシジミ　150
ヒメシロチョウ　58,149
ヒメチャマダラセセリ　152,155,157
ヒメバチの一種　114,144
ヒメミヤマセセリ　152
ヒョウモンモドキ　157
ヒョウモン類　143
フジボタン　106
フタスジチョウ　150,152
フタテンホソハマキ　148
フトニンジン属の一種　111
ブレーマーウスバ(アカボシウスバ)　64,88,130,145,146,149,151
ヘクラモンキチョウ　154
ベニイロモンヒカゲ　150,152
ベニシジミ　152
ベニモンキチョウ　149

ベンケイソウ科　86,89
ホェブスウスバ(ミヤマウスバ)　46,88,93,131,146,153,154
ホザキシモツケ　111,130
ホシチャバネセセリ　58
ホシミスジ　152
ホソバウルップソウ　8,110,127,142
ホソバヒョウモン(ヒメカラフトヒョウモン)　61,147,150,152
ホッキョクエンゴサク　109
ホッキョクヒョウモン　154
ホッキョクモンヤガ　99,113,148
ホッキョクヤナギ　111
ホメロスアゲハ　157
ホンラートウスバ　88

【マ行】
マハラジャウスバ　88
マメ科　85
マルバシモツケ　35,40,111,129
マルバヒメカンバ　131
マンシュウカラマツ(カラマツ)　132
マンネングサ属　87,89
マンネングサ類　86
ミカドウスバ(インペラトールウスバ)　88,108,146
ミカドウスバ群　88
ミカン科　86
ミズゴケ　108,132
ミスジチョウ　147
ミチノクエンゴサク　106
ミドリコツバメ　42,152
ミドリヒョウモン　147,150,152
ミネズオウ　1,9,14,24,99,102,109,111,114,131,137〜143,153
ミヤケヒョウモン　150,152
ミヤマウスバ(ホェブスウスバ)　88,153,154
ミヤマカラスアゲハ　147,149,152
ミヤマキハマキ　148
ミヤマキンバイ　127
ミヤマクロスゲ　141,143
ミヤマシジミ　150,152
ミヤマシロチョウ　62,132,150,152
ミヤマヒョウモン　150,152
ミヤマモンキチョウ　107,149,152〜154
ミヤマヤナギヒメハマキ　148
ミヤマリンドウ　110
ムカシアゲハ亜科　85
ムツウラハマキ　148
ムラサキケマン　108
ムラサキツメクサ(アカツメクサ)　40,111,151
メキシコアゲハ　85
メキシコアゲハ亜科　85
メスグロヒョウモン　152
モシナビ　83
モミ　132
モンキチョウ　147,149,152
モンゴリナラ　76,130,151
モンゴルアカマツ　133

モンシロチョウ　147,150,152

【ヤ行】

ヤチヒョウモン　154
ヤナギ科　108,153
ヤナギラン　38,109,111,130,151
ヤナギ類　44,45,109,131,132
ヤマエンゴサク　106
ヤマキマダラヒカゲ　147
ヤマブキショウマ　111
ユーラシアヒメヒカゲ　152
ヨツバシオガマ　110,139
ヨーロッパアカマツ　131

【ラ行】

ラウスオサムシ　134
ラミー　83
リシリスゲ　143
リシリリンドウ　110
リンゴシジミ（スモモシジミ）　150,152
ルソンカラスアゲハ　157
ルーミスシジミ　157
ルリシジミ　147
ロキシャスウスバ　87,88
ロキシャスウスバ群　88
ロッシベニヒカゲ　154

学 名 索 引

(主要な昆虫・植物の学名と頁数だけをのせた。ただし *Parnassius eversmanni* については，全頁にわたるので割愛した)

【A】

Acacia 85
Acacia cochliacantha 85
Acacia cymbispina 85
Acco group 88
Achillea millefolium 111
Aeromachus inachus 58
Aethes deutschina 148
Aglais urticae 42, 147, 150, 152
Agriades glandon 154
Agrotis ruta 99, 148
Albulina orbitulus 150
Allancastria cerisy 86
Anarta carbonaria 148
Anarta melanopa koizumidakeana 148
Ancylis unguicella 148
Angelica ursina 111
Anthocharis 86
Anthocharis cardamines 42, 150, 152
Apatura iris 150
Apatura metis 147
Aphantopus hyperantus 150, 152
Aporia crataegi 36, 147, 149, 152
Aporia hippia 150, 152
Apotomis kusunokii 148
Araschnia burejana 147, 150, 152
Araschnia levana 150, 152
Archon apollinus 86
Argynnis paphia 36, 147, 150, 152
Aristolochia maurorum 86
Aristolochiaceae 86
Aruncus dioicus var. *tenuifolius* 111
Aruncus sp. 111

【B】

Baronia brevicornis 85
Baroniinae 85
Betula glandulosa 131
Betula sp. 132
Boehmeria nivea 83
Boloria (*Clossiana*) *freija* 154 → *Clossiana freija*
Boloria (*Clossiana*) *frigga* 154
Boloria (*Clossiana*) *improba* 154
Boloria (*Clossiana*) *polaris* 154
Boloria (*Clossiana*) *titania* 154 → *Clossiana titania*
Boloria (*Proclossiana*) *eunomia* 154
Boloria napaea 46, 154
Bombus hypocrita 106

Brenthis ino 150, 152

【C】

Callophrys frivaldszkyi 149, 150, 152
Callophrys rubi 42, 152
Cardamine purpurea 111
Carterocephalus palaemon 42, 150, 152
Carterocephalus sylvicola 150, 152
Celastrina argiolus 147
Cephalus group 88
Clepsis aliana 148
Clepsis insignata 148
Clossiana angarensis 150, 152
Clossiana distincta 42, 152
Clossiana euphrosyne 150, 152
Clossiana freija 147
Clossiana freija asahidakeana 32, 143
Clossiana iphigenia 150, 152
Clossiana selenis 150, 152
Clossiana thore 147, 150, 152
Clossiana titania 152
Coenonympha amaryllis 152
Coenonympha glycerion 152
Coenonympha hero 147, 150, 152
Coenonympha tullia 154
Colias erate 147, 149, 152
Colias hecla 154
Colias heos 149
Colias nastes 46, 154
Colias palaeno 107, 149, 152, 154
Colias tyche (= *melinos*) 107, 149
Conioselium sp. 111
Corydalis 89, 105
Corydalis arctica 109
Corydalis aurea 108
Corydalis capillipes 106
Corydalis curvicalcarta 108
Corydalis decumbens 106
Corydalis fumariaefolia 106
Corydalis gigantea 76, 103, 107, 108, 109, 129, 149
Corydalis gorodkovi 108, 109
Corydalis incisa 108
Corydalis lineariloba 106
Corydalis nobilis 106
Corydalis paeonifolia 108, 109
Corydalis pauciflora 44, 106, 108, 109, 131, 132, 153
Corydalis scouleri 106
Corydalis sempervirens 108

学名索引

Corydalis sibirica 107
Corydalis speciosa 107
Corydalis turtschaninovii 107
Cyaniris semiargus 150, 152
Cymolomia jinboi 148
Cynthia cardui 147, 150

【D】
Daemilus mutuurai 148
Daimio tethys 58
Damora sagana 152
Delphius group 88
Dicentra 89, 105
Dicentra eximia 105
Dicentra formosa 106
Dicentra peregrina var. *pusilla* 105, 106, 108
Dicentra spectabilis 106, 108
Dicentra uniflora 106
Doritis 71, 88
Doritis delphius 71
Doritites 86
Doritites bosniaskii 86
Driopa 71
Driopa eversmanni 72
Driopa litoreus 72

【E】
Elophos vittaria kononis 148
Entephria amplicosta 148
Epilobium angustifolium 111
Epinotia cruciana 148
Epinotia pinicola 148
Erebia cyclopia 152
Erebia disa 46, 154
Erebia edda 150, 152
Erebia embla 152
Erebia ligea 36, 147, 150, 152
Erebia ligea ab. *daisetsuzana* 142
Erebia ligea ab. *junsaiensis* 142
Erebia ligea rishirizana 31, 142
Erebia ligea sachalinensis 142
Erebia rossii 154
Eriopsela quadrana 148
Erynnis tages 152
Euchloe creusa 46, 154

【F】
Fabriciana adippe 147, 152
Fixsenia pruni 150, 152
Fixsenia w-album 147
Fumariaceae 105
Fumarioideae 105

【G】
Glacies coracina daisetsuzana 148
Glaucopsyche lycormas 150, 152
Glaucopsyche lygdamus 154
Gonepteryx aspasia 58
Grammia quenseli daisetsuzana 148
Graphium 86
Gynaephora rossii daisetsuzana 99, 148
Gypsonoma erubesca 148

【H】
Hardwickii group 88
Hestina japonica 75
Heteropterus morpheus 36, 150, 152
Hypermnestra helios 86
Hypodryas intermedia 150, 152
Hysterosia vulneratana 148

【I】
Imperator group 88
Inachis io 147, 150, 152

【J】
Japonica lutea 76, 147, 150

【L】
Larix gmelini 129, 133
Lasiommata deidamia 59, 150, 152
Lasiommata petropolitana 150, 152
Lasionycta skraelingia 148
Lasius fuliginosus 115
Ledum palustre ssp. *decumbens* 111
Ledum palustre ssp. *diversipilosum* 111
Leptidea amurensis 58, 149
Leptidea morsei 152
Leptocarabus kurilensis daisetsuzanus 115, 134
Leptocarabus kurilensis rausuanus 134
Leptocircini 86
Lethe diana 147
Lethe niitakana 134
Lilium maculatum var. *dauricum* 111
Limenitis camilla 152
Limenitis helmanni 150, 152
Limenitis populi 147, 150, 152
Lopinga achine 150, 152
Loxias group 88
Lozotaenia forsterana 148
Lozotaenia kumatai 148
Lycaeides argyrognomon 150, 152
Lycaeides subsolanus 59, 150, 152
Lycaena phraeas 152

【M】
Melitaea diamina 152
Melitaea sutschana 152
Mellicta ambigua 150, 152
Mellicta plotina 36, 150
Mnemosyne group 88

【N】

Neope goschkevitschii 58
Neope niphonica 147
Neptis philyra 147
Neptis pryeri 152
Neptis rivularis 150,152
Neptis thisbe 152
Ninguta schrenckii 58
Notocrypta curvifascia 75
Nymphalis antiopa 147,150,152
Nymphalis vaualbum 147,150,152
Nymphalis xanthomelas 147,150,152

【O】

Ochlodes venatus 150
Oeneis jutta 152
Oeneis magna 152
Oeneis melissa 147,154
Oeneis melissa daisetsuzana 30,141
Oeneis polixenes 46,154
Oeneis urda 152
Olethreutes bipunctana yama 148
Olethreutes schulziana 148

【P】

Papaveraceae 105
Papilio 86
Papilio apollo 70,71,87 → *Parnassius apollo*
Papilio bianor 147
Papilio maackii 147,149,152
Papilio machaon 147,149,152,154
Papilio mnemosyne 71,87 → *Parnassius mnemosyne*
Papilio xuthus 149
Papilionidae 85
Papilioninae 86
Papilionini 86
Parnassiidae 84
Parnassiini 85
Parnassius 88
Parnassius acco 47,70,71,88
Parnassius acdestis 47,88
Parnassius actius 47,59,88
Parnassius andreji 88
Parnassius apollo 70,82,87,88,93
Parnassius apollo meridionalis 78
Parnassius apollonius 59,88
Parnassius arcticus 88
Parnassius ariadne (=*clarius*) 47,71,88
Parnassius autocrator 47,87,88
Parnassius baileyi 88
Parnassius boedromius 88
Parnassius bremeri 36,47,88,130,149
Parnassius bremeri aino 145
Parnassius cardinal 88
Parnassius cephalus 88
Parnassius charltonius 47,71,88

Parnassius clodius 88
Parnassius delphius 59,88
Parnassius epaphus 88
Parnassius eversmanni ab. *caeca* 95
Parnassius eversmanni ab. *rubropunctata* 95
Parnassius eversmanni altaicus (=*lacinia*) 48,52,57,73,76,93, 96,108,117
Parnassius eversmanni daisetsuzana 64,70
Parnassius eversmanni daisetsuzanus 51,52,69,79,81,85,96,108, 122,125
Parnassius eversmanni felderi 49,52,57,75〜77,89,92〜94,98, 103,107,108,119,132
Parnassius eversmanni gornyiensis 49,50,77,95,120
Parnassius eversmanni innae 75,76,119
Parnassius eversmanni lautus 49,73,74,93,118
Parnassius eversmanni litoreus 49,76,78,94,95,119
Parnassius eversmanni magadanus 49,75,94,119
Parnassius eversmanni maui 49,52,65,77,78,89,94,95,97,107, 108,119,120
Parnassius eversmanni meridionalis 61
Parnassius eversmanni mikamii 77,120
Parnassius eversmanni nishiyamai 52,68,79,95,122,133
Parnassius eversmanni pinkensis 61,78
Parnassius eversmanni polarius 50,75,94,119
Parnassius eversmanni (*felderi*) *rubeni* 75,76
Parnassius eversmanni sasai 50,65,78,81,95,96,122,132,146
Parnassius eversmanni septentrionalis 48,52,64,73,74,93,96, 118,131
Parnassius eversmanni thor 51,61,75,78,95,109,121,131, 132
Parnassius eversmanni vosnessenskii 49,52,75,77,93,94,119
Parnassius eversmanni vysokogornyiensis 50,52,77,95,120
Parnassius eversmanni wosnesenskii 74,75,93
Parnassius felderi 71,72,82,157
Parnassius felderi f. *innae* 72
Parnassius glacialis 47,88
Parnassius hardwickii 47,71,88
Parnassius hide 88
Parnassius honrathi 88
Parnassius hunnyngtoni (=*hannyngtoni*) 47,88
Parnassius imperator 71,88
Parnassius imperator aino 145,146
Parnassius inopinatus 87,88
Parnassius intermidia altaica 73
Parnassius jacquemontii 88
Parnassius labeyriei 88
Parnassius litoreus 77
Parnassius loxias 47,87,88
Parnassius maharaja 88
Parnassius maximinus 88
Parnassius mnemosyne 47,72,88,93
Parnassius nomion 47,88
Parnassius nomion japonicus 146
Parnassius nordmanni 88,89
Parnassius nosei 88
Parnassius orleans 47,88

Parnassius orleans mikamii 77
Parnassius patricius 88
Parnassius phoebus 46,88,93,131,146,154
Parnassius phoebus var. *intermedeia* f. *altaica* 73
Parnassius priamus 88
Parnassius przewalskii 88
Parnassius rothschildianus 88
Parnassius schulte 88
Parnassius simo 88
Parnassius simonius 88
Parnassius staudingeri 88
Parnassius stenosemus 88
Parnassius stoliczkanus 88
Parnassius stubbendorfii (=*hoenei*) 42,43,47,58,70,76,83, 84,88,149,152
Parnassius szechenyii 88
Parnassius tenedius 59,88
Parnassius thor 60
Parnassius thor ab. *kohlsaati* 78
Parnassius tianschanicus 88
Parnassius vosnessenskii (=*wosnesenskii*) 57,58,71
Parnassius wosnesenskii 57,72,74
Phtheochroa inopiana 148
Pieris 105
Pieris japonica 105
Pieris melete 58,147
Pieris napi 147,150,152,154
Pieris rapae 147,150,152
Pinus sylvestris var. *mongolica* 133
Plebejus argus 150
Polemonium sp. 111
Polygonia c-album 147,150,152
Polygonum bistorta 111
Polyommatus icarus 150
Polyommatus artaxerxes 150
Pontia callidice 154
Pontia daplidice 150,152
Praepapilio colorado 85
Praepapilio gracilis 85
Praepapilioninae 85
Pyrgus maculatus 150
Pyrgus malvae 152

【Q】
Quercus mongolica 76

【R】
Rhapala arata 147
Rhodiola 89
Rhopobota ustomaculata 148

【S】
Salix arctica 111
Salix reticulata 45,111
Salix sp. 131,132
Scrophulariaceae 111
Sedum 89
Sedum roseum 153
Selenodes lediana 148
Senecio sp. 111
Simo group 88
Speyeria aglaja 147,150,152
Spialia orbifer 150
Spiraea betulifolia 111
Spiraea salicifolia 111
Spiraea sp. 111
Sympistis funebris 148
Syngrapha ottolenguii 132,148

【T】
Tadumia 70〜72,85,88,89
Tenedius group 88
Thaites 86
Thaites ruminiana 86
Thymelicus lineola 150
Tongeia fischeri 59
Trifolium pratense 111
Troidini 86

【V】
Vacciniina optilete 46,147,150,152,154
Vacciniina optilete daisetsuzana 33,144
Vacciniina optilete sibirica 144
Valeriana capitata 111
Valeriana fauriei 111
Vanessa indica 147,152
Veronicastrum sibiricum 111
Vicia cracca 111
Viidaleppia taigana sounkeana 148
Viola epipsila 111

【X】
Xanthorhoe fluctuata malleola 148
Xanthorhoe sajanaria 148
Xestia albuncula 148
Xestia speciosa 148

【Z】
Zerynthia(=*Thais*) 86
Zophoessa callipteris 147
Zygophyllum miniatum 86

渡辺　康之(わたなべ　やすゆき)
1951年　岡山県に生まれる
1974年　北海道大学工学部卒業
1976年　北海道大学大学院工学研究科修士課程修了
現　在　自然写真家・日本鱗翅学会会員・大阪昆虫同好会会員
主　著　原色日本蝶類生態図鑑Ⅰ～Ⅳ(1982～84，保育社，共著)，
　　　　日本の昆虫①　ギフチョウ(1985，文一総合出版)，
　　　　日本の高山蝶(1985，保育社)，
　　　　蝶蛾シリーズ 10　高山蝶―山とチョウと私―(1986，築地書館)，
　　　　検索入門　チョウ①・②(1991，保育社)，
　　　　中国の蝶と自然(1993，自刊)，
　　　　ギフチョウ(1996，北海道大学図書刊行会，編著)，
　　　　中国の蝶(1998，トンボ出版)，
　　　　チョウのすべて(1998，トンボ出版)など
e-mail：yasuyuki@ec.mbn.or.jp

ウスバキチョウ
Monograph of *Parnassius eversmanni* [Ménétriès, 1850]

発　行
2000年4月25日　第1刷Ⓒ

著　者
渡辺　康之

発行者
菅野　富夫

発行所
北海道大学図書刊行会
札幌市北区北9条西8丁目北海道大学構内（〒060-0809）
Tel. 011(747)2308/Fax. 011(736)8605・振替02730-1-17011

本文レイアウト
伊藤公一

装幀
伊藤公一

印刷所
株式会社アイワード

製本
石田製本所

ISBN4-8329-9851-X

ギフチョウ	渡辺 康之 編著	A4判・カラー 価格20000円
エゾシロチョウ	朝比奈 英三 著	A5判・カラー 価格1400円
原色日本トンボ幼虫・成虫大図鑑	杉村 光俊 石田 昇三 小島 圭三 著 石田 勝義 青木 典司	A4判・カラー 価格60000円
日本産トンボ目幼虫検索図説	石田 勝義 著	B5判・464頁 価格13000円
南西諸島産有剣ハチ・アリ類検索図説	山根 正気 幾留 秀一 著 寺山 守	B5判・872頁 価格25000円
図説 社会性カリバチの生態と進化	松浦 誠 著	B5判・カラー 価格20000円
スズメバチはなぜ刺すか	松浦 誠 著	四六判・312頁 価格2500円
里山の昆虫たち ―その生活と環境―	山下 善平 著	B5判・カラー 価格2800円
虫たちの越冬戦略 ―昆虫はどうやって寒さに耐えるか―	朝比奈 英三 著	四六判・198頁 価格1800円
新版 北海道の花［増補版］	鮫島 惇一郎 辻井 達一 著 梅沢 俊	四六判・カラー 価格2600円
新版 北海道の樹	辻井 達一 梅沢 俊 著 佐藤 孝夫	四六判・カラー 価格2400円
新版 北海道の鳥	竹田津 実 小川 巌 著	B6判・カラー 価格1800円
北海道の湿原	辻井 達一 渡辺 祐三 編	B5判・カラー 価格1400円
普及版 北海道主要樹木図譜	宮部 金吾 著 工藤 祐舜 須崎 忠助 画	B5判・カラー 価格4800円

――――― 北海道大学図書刊行会 ―――――

価格は税別